Formelsammlung Land- und Baumaschinentechnik

Hermann Meiners

Handwerk und Technik – Hamburg

Die Formelsammlung entspricht im Wesentlichen dem Kapitel „Technische Mathematik" im **Tabellenbuch Land- und Baumaschinentechnik (HT3294)**.

Sie enthält keine Erklärungstexte und keine Beispiele.

Aus **DAX u. a.: Tabellenbuch für Metalltechnik (HT3291)** sind übernommen:
Ganze Seiten: 01 bis 07
Seitenanteile: 08 bis 13, 15 bis 24, 26, 32

ISBN 978-3-582-32942-4 Best.-Nr. 32942

Die Normblattangaben werden wiedergegeben mit Erlaubnis des DIN Deutsches Institut für Normung e.V. Maßgebend für das Anwenden der Norm ist deren Fassung mit dem neuesten Ausgabedatum, die bei der Beuth Verlag GmbH, Burggrafenstraße 6, 10787 Berlin, erhältlich ist.

Verlag Handwerk und Technik GmbH,
Lademannbogen 135, 22339 Hamburg; Postfach 63 05 00, 22331 Hamburg – 2024
E-Mail: info@handwerk-technik.de – Internet: www.handwerk-technik.de

Satz und Layout: CMS – Cross Media Solutions GmbH, 97082 Würzburg
Umschlagmotiv: CNH Industrial Österreich GmbH, A-St. Valentin; Volvo Construction Equipment Germany GmbH, Ismaning; AMAZONEN-WERKE H. DREYER SE & Co. KG, Hasbergen-Gaste; Liebherr-Werk Biberach GmbH, Biberach an der Riß
Druck: UAB STANDART IMPRESSA, 02189 Vilnius (Litauen)

Inhaltsverzeichnis

Einheiten

SI[1])-Basisgrößen — DIN 1301-1 : 2010-10

	Basiseinheiten	Einheitenzeichen
Länge	Meter	m
Masse	Kilogramm	kg
Zeit	Sekunde	s
Elektrische Stromstärke	Ampère	A
Thermodynamische Temperatur	Kelvin	K
Stoffmenge	Mol	mol
Lichtstärke	Candela	cd

[1]) **S**ystème **I**nternational d'Unités (Internationales Einheitensystem), rechtsverbindlich für die Bundesrepublik Deutschland seit Juli 1969

Dezimale Vielfache

Vorsatz	Vorsatz-zeichen	Zehner-potenz	Bedeutung	Beispiel
Tera	T	10^{12}	Billionenfach	1 Terawatt = 1 TW = 1 000 000 000 000 W
Giga	G	10^{9}	Milliardenfach	1 Gigawatt = 1 GW = 1 000 000 000 W
Mega	M	10^{6}	Millionenfach	1 Megawatt = 1 MW = 1 000 000 W
Kilo	k	10^{3}	Tausendfach	1 Kilowatt = 1 kW = 1 000 W
Hekto	h	10^{2}	Hundertfach	1 Hektowatt = 1 hW = 100 W
Deka	da	10^{1}	Zehnfach	1 Dekawatt = 1 daW = 10 W

Dezimale Teile

Vorsatz	Vorsatz-zeichen	Zehner-potenz	Bedeutung	Beispiel
Dezi	d	10^{-1}	Zehntel	Deziwatt = 1 dW = 0,1 W
Zenti	c	10^{-2}	Hundertstel	1 Zentiwatt = 1 cW = 0,01 W
Milli	m	10^{-3}	Tausendstel	1 Milliwatt = 1 mW = 0,001 W
Mikro	µ	10^{-6}	Millionstel	1 Mikrowatt = 1 µW = 0,000 001 W
Nano	n	10^{-9}	Milliardstel	1 Nanowatt = 1 nW = 0,000 000 001 W
Piko	p	10^{-12}	Billionstel	1 Pikowatt = 1 pW = 0,000 000 000 001 W

Teile und Vielfache von Einheiten

Länge	Fläche	Raum	Masse	Kraft
1 km = 1 000 m	1 km² = 100 ha	1 m³ = 1 000 dm³	1 t = 1 000 kg	1 MN = 1 000 kN
1 m = 10 dm	1 ha = 100 a	1 dm³ = 1 000 cm³	1 Mg = 1 000 kg	1 kN = 1 000 N
1 dm = 10 cm	1 a = 100 m²	1 hl = 100 l	1 kg = 1 000 g	1 daN = 10 N
1 cm = 10 mm	1 m² = 100 dm²	1 l = 1 dm³	1 mg = 0,001 g	1 mN = 0,001 N
1 mm = 0,001 m	1 m² = 10 000 cm²	1 cl = 0,01 l	1 g = 1000 mg	
1 m = 1 000 mm	1 cm² = 100 mm²	1 ml = 0,001 l		

Einheiten außerhalb des SI

Länge	Fläche	Raum	Masse	Energie, Leistung
1 inch = 25,4 mm	1 sq.in = 6,452 cm²	1 cu.in = 16,39 cm³	1 oz = 28,35 g	1 PS·h = 0,735 kW·h
1 foot = 0,3048 m	1 sq.ft = 9,29 dm²	1 cu.ft = 28,32 dm³	1 lb = 453,6 g	1 PS = 735 W
1 yard = 0,9144 m	1 sq.yd = 0,8361 m²	1 cu.yd = 764,6 dm³	1 t = 1 000 kg	1 kcal = 4 186,8 W·s
1 See-Meile = 1,852 km		1 US gallon = 3,785 dm³	1 US short ton = 907,2 kg	1 kcal = 1,166 W·h
		1 Petroleum barrel = 158,8 dm³	1 Karat = 0,2 g	1 kpm/s = 9,807 W
				1 Btu = 1 055 W·s
				1 hp = 754,7 W

Die wichtigsten SI-Einheiten

Physikalische Größen	Formelzeichen (DIN 1304-1)	SI-Einheiten und abgeleitete Einheiten	Einheitenzeichen (DIN 1301-1, -2)	Weitere zulässige Einheiten, Erklärungen, Einheiten außerhalb des SI
Länge	l, s	Meter	**m**	1 Seemeile = 1852 m
Fläche	A, S	Quadratmeter	$\mathbf{m^2}$	
Volumen	V	Kubikmeter	$\mathbf{m^3}$	1 Liter = 1 dm^3
Ebener Winkel	α, β, γ …	Radiant	**rad**	360° = 2π rad, 1 rad = 57,29°
		Grad	°	$1° = \frac{\pi}{180}$ rad
		Minute	′	$1' = \frac{1°}{60} = \frac{\pi}{10800}$ rad
		Sekunde	″	$1'' = \frac{1'}{60} = \frac{\pi}{648000}$ rad
Masse	m	Kilogramm	**kg**	1 t = 1 Mg = 1000 kg
Dichte	ϱ	Kilogramm pro m^3	$\mathbf{\frac{kg}{m^3}}$	$1\,\frac{g}{cm^3} = 1\,\frac{kg}{dm^3} = 1\,\frac{Mg}{m^3}$
Zeit, Zeitspanne, Dauer	t	Sekunde	**s**	
		Minute	**min**	1 min = 60 s
		Stunde	**h**	1 h = 60 min = 3600 s
		Tag	**d**	1 d = 24 h − 86400 s
Umdrehungsfrequenz, Drehzahl	n	1 pro Sekunde	$\mathbf{\frac{1}{s}}$	$\frac{1}{1\,min} = \frac{1}{60\,s}$ $\frac{1}{min} = min^{-1}$
Winkelgeschwindigkeit	ω, Ω	rad pro Sekunde	$\mathbf{\frac{rad}{s}}$ oder $\mathbf{\frac{1}{s}}$	$\omega = 2\pi \cdot n$, n in $\frac{1}{s}$
Kraft	F	Newton	**N**	$1\,N = 1\,\frac{kg \cdot m}{s^2}$
Geschwindigkeit	v	Meter pro Sekunde	$\mathbf{\frac{m}{s}}$	$1\,\frac{m}{s} = 3{,}6\,\frac{km}{h}$
Beschleunigung	a	Meter pro s^2	$\mathbf{\frac{m}{s^2}}$	$g = 9{,}81\,\frac{m}{s^2}$ Erdbeschleunigung
Druck	p	Pascal	**Pa**	$1\,Pa = 1\,\frac{N}{m^2}$, 1 bar = 100000 Pa 1 hPa = 100 Pa = 1 mbar ≈ 10 mm WS
		Bar	**bar**	$1\,bar = 10\,\frac{N}{cm^2} = 1\,\frac{daN}{cm^2}$
Mechanische Spannung	σ, τ	Newton pro mm^2	$\mathbf{\frac{N}{mm^2}}$	
Energie, Arbeit, Wärmemenge	W, A, E, Q	Joule	**J**	$1\,J = 1\,N \cdot m = 1\,W \cdot s = 1\,\frac{kg \cdot m^2}{s^2}$ 1 kW · h = 3600000 J
Leistung	P	Watt	**W**	$1\,W = 1\,\frac{N \cdot m}{s} = 1\,\frac{J}{s} = 1\,V \cdot 1\,A$
Elektrische Stromstärke	I	Ampere	**A**	
Elektrische Spannung	U	Volt	**V**	$1\,V = 1\,\frac{W}{A}$
Elektrischer Widerstand	R	Ohm	**Ω**	$1\,\Omega = 1\,\frac{V}{A}$
Temperatur thermodynamisch	T	Kelvin	**K**	0 K = –273,15° C; 0 °C = 273,15 K; t = T – 273,15 K
Celsius	Θ, ϑ	Celsius	**°C**	
Spezifische Wärmekapazität	c	Joule pro kg und Kelvin	$\mathbf{\frac{J}{kg \cdot K}}$	$1\,\frac{kcal}{kg \cdot K} = 4{,}19\,\frac{kJ}{kg \cdot K}$

Formelzeichen

DIN 1304-1 : 1994-03

Länge, Raum, Zeit

Zeichen	Bedeutung
l	Länge
h	Höhe, Tiefe
b	Breite
r	Halbmesser, Radius
d	Durchmesser
s	Weglänge
A, S	Fläche, Oberfläche
S, q	Querschnittsfläche
α, β, γ	Ebener Winkel
Ω, ω	Raumwinkel
V	Rauminhalt, Volumen
t	Zeit
ω	Kreisfrequenz
α	Winkelbeschleunigung
v	Geschwindigkeit
a	Beschleunigung
g	Fallbeschleunigung
$\dot{V}$, q_v	Volumenstrom
ε	Dehnung
T, τ	Zeitkonstante
f, ν	Frequenz
n	Umdrehungsfrequenz, Drehzahl
ω, Ω	Winkelgeschwindigkeit
φ	Phasenwinkel
λ	Wellenlänge

Mechanik

Zeichen	Bedeutung
m	Masse
m'	längenbezogene Masse
m''	flächenbezogene Masse
$\dot{m}$, q_m	Massenstrom
ϱ	Dichte
v	spezifisches Volumen
F	Kraft
G, F_G	Gewichtskraft
M	Dreh-(Kraft-)moment
p	Druck
σ	Zug-, Druckspannung
τ	Schubspannung
T	Torsionsmoment
E	Elastizitätsmodul
G	Schubmodul, Gleitmodul
μ	Reibungszahl
η	dynamische Viskosität
W, A	mechanische Arbeit
E, W	mechanische Energie
P	mechanische Leistung
η	mechanischer Wirkungsgrad

Elektrizität

Zeichen	Bedeutung
Q	elektrische Ladung
E	elektrische Feldstärke
C	elektrische Kapazität
U	elektrische Spannung
I	elektrische Stromstärke
R	elektrischer Widerstand
G	elektrischer Leitwert
ϱ	spezifischer elektrischer Widerstand
μ	Permeabilität
X	elektrischer Blindwiderstand
Z	elektrischer Scheinwiderstand
N, w	Windungszahl
L	Induktivität

Wärme

Zeichen	Bedeutung
T, Θ	thermodynamische Temperatur
t, ϑ	Celsius-Temperatur
$\Delta t = \Delta T$	Temperaturdifferenz
α	Längenausdehnungskoeffizient
γ	Volumenausdehnungskoeffizient
λ	Wärmeleitfähigkeit
Q	Wärmemenge
c	spezifische Wärmekapazität
H_i	spezifischer Heizwert

Mathematische Zeichen

DIN 1302 : 1999-12

Zeichen	Bedeutung	Zeichen	Bedeutung	Zeichen	Bedeutung
$=$	ist gleich	$-$	minus, subtrahiert, weniger	π	pi = 3,141 592 6...
$\neq$	ist ungleich/nicht gleich	$\cdot$ $\times$	multipliziert mit, mal	$\log_a x$	Logarithmus zur Basis a mit dem Argument x
$\equiv$	ist identisch gleich	$:$ $-$ $/$	dividiert/geteilt durch	$\ln x$	natürlicher Logarithmus von x
$\not\equiv$	ist nicht identisch gleich	%	vom Hundert, Prozent	$\sin x$	Sinus von x
$\sim$	ist proportional zu	‰	vom Tausend, Promille	$\cos x$	Cosinus von x
$\approx$	ist ungefähr gleich	{[()]}	Klammern auf und zu	$\tan x$	Tangens von x
$\hat{=}$	entspricht	$\parallel$	parallel	$\cot x$	Cotangens von x
$<$	ist kleiner als	$\upuparrows$	gleichsinnig parallel	a^x	a hoch x
$>$	ist größer als	$\downdownarrows$	gegensinnig parallel	$1°$	1 Grad
∞	unendlich	$\perp$	rechtwinklig zu	$1'$	1 Winkelminute
$\leq$	ist kleiner oder gleich	$\sum$	Summe von	$1''$	1 Winkelsekunde
$\geq$	ist größer oder gleich	$n!$	Fakultät	$\mathrm{Arc}\,z$	Bogenmaß z
$\cong$	kongruent	$\overline{AB}$	Strecke AB	$\sphericalangle$	Winkel
$\ldots$	und so weiter bis	$\overset{\frown}{AB}$	Bogen AB	Δ	Dreieck, Delta
$+$	plus, addiert, und	$\sqrt[n]{\ }$	n-te Wurzel aus	$\overrightarrow{PQ}$	Verbindungsvektor der Punkte P, Q

Griechisches Alphabet

Α	α	**alpha**	Ζ	ζ	**zeta**	Λ	λ	**lambda**	Π	π	**pi**	Φ	φ	**phi**
Β	β	**beta**	Η	η	**eta**	Μ	μ	**mü**	Ρ	ρ	**rho**	Χ	χ	**chi**
Γ	γ	**gamma**	Θ	ϑ	**theta**	Ν	ν	**nü**	Σ	σ	**sigma**	Ψ	ψ	**psi**
Δ	δ	**delta**	Ι	ι	**iota**	Ξ	ξ	**xi**	Τ	τ	**tau**	Ω	ω	**omega**
Ε	ε	**epsilon**	Κ	κ	**kappa**	Ο	ο	**omikron**	Υ	υ	**ypsilon**			

Trigonometrische Zahlentafeln: Sinus, Cosinus

sin 0° bis sin 45°								
Grad	0′	10′	20′	30′	40′	50′	60′	
0	0,0000	0,0029	0,0058	0,0087	0,0116	0,0145	0,0175	89
1	0,0175	0,0204	0,0233	0,0262	0,0291	0,0320	0,0349	88
2	0,0349	0,0378	0,0407	0,0436	0,0465	0,0494	0,0523	87
3	0,0523	0,0552	0,0581	0,0610	0,0640	0,0669	0,0698	86
4	0,0698	0,0727	0,0756	0,0785	0,0814	0,0843	0,0872	85
5	0,0872	0,0901	0,0929	0,0958	0,0987	0,1016	0,1045	84
6	0,1045	0,1074	0,1103	0,1132	0,1161	0,1190	0,1219	83
7	0,1219	0,1248	0,1276	0,1305	0,1334	0,1363	0,1392	82
8	0,1392	0,1421	0,1449	0,1478	0,1507	0,1536	0,1564	81
9	0,1564	0,1593	0,1622	0,1650	0,1679	0,1708	0,1736	80
10	0,1736	0,1765	0,1794	0,1822	0,1851	0,1880	0,1908	79
11	0,1908	0,1937	0,1965	0,1994	0,2022	0,2051	0,2079	78
12	0,2079	0,2108	0,2136	0,2164	0,2193	0,2221	0,2250	77
13	0,2250	0,2278	0,2306	0,2334	0,2363	0,2391	0,2419	76
14	0,2419	0,2447	0,2476	0,2504	0,2532	0,2560	0,2588	75
15	0,2588	0,2616	0,2644	0,2672	0,2700	0,2728	0,2756	74
16	0,2756	0,2784	0,2812	0,2840	0,2868	0,2896	0,2924	73
17	0,2924	0,2952	0,2979	0,3007	0,3035	0,3062	0,3090	72
18	0,3090	0,3118	0,3145	0,3173	0,3201	0,3228	0,3256	71
19	0,3256	0,3283	0,3311	0,3338	0,3365	0,3393	0,3420	70
20	0,3420	0,3448	0,3475	0,3502	0,3529	0,3557	0,3584	69
21	0,3584	0,3611	0,3638	0,3665	0,3692	0,3719	0,3746	68
22	0,3746	0,3773	0,3800	0,3827	0,3854	0,3881	0,3907	67
23	0,3907	0,3934	0,3961	0,3987	0,4014	0,4041	0,4067	66
24	0,4067	0,4094	0,4120	0,4147	0,4173	0,4200	0,4226	65
25	0,4226	0,4253	0,4279	0,4305	0,4331	0,4358	0,4384	64
26	0,4384	0,4410	0,4436	0,4462	0,4488	0,4514	0,4540	63
27	0,4540	0,4566	0,4592	0,4617	0,4643	0,4669	0,4695	62
28	0,4695	0,4720	0,4746	0,4772	0,4797	0,4823	0,4848	61
29	0,4848	0,4874	0,4899	0,4924	0,4950	0,4975	0,5000	60
30	0,5000	0,5025	0,5050	0,5075	0,5100	0,5125	0,5150	59
31	0,5150	0,5175	0,5200	0,5225	0,5250	0,5275	0,5299	58
32	0,5299	0,5324	0,5348	0,5373	0,5398	0,5422	0,5446	57
33	0,5446	0,5471	0,5495	0,5519	0,5544	0,5568	0,5592	56
34	0,5592	0,5616	0,5640	0,5664	0,5688	0,5712	0,5736	55
35	0,5736	0,5760	0,5783	0,5807	0,5831	0,5854	0,5878	54
36	0,5878	0,5901	0,5925	0,5948	0,5972	0,5995	0,6018	53
37	0,6018	0,6041	0,6065	0,6088	0,6111	0,6134	0,6157	52
38	0,6157	0,6180	0,6202	0,6225	0,6248	0,6271	0,6293	51
39	0,6293	0,6316	0,6338	0,6361	0,6383	0,6406	0,6428	50
40	0,6428	0,6450	0,6472	0,6494	0,6517	0,6539	0,6561	49
41	0,6561	0,6583	0,6604	0,6626	0,6648	0,6670	0,6691	48
42	0,6691	0,6713	0,6734	0,6756	0,6777	0,6799	0,6820	47
43	0,6820	0,6841	0,6862	0,6884	0,6905	0,6926	0,6947	46
44	0,6947	0,6967	0,6988	0,7009	0,7030	0,7050	0,7071	45
	60′	50′	40′	30′	20′	10′	0′	Grad
	cos 45° bis cos 90°							

sin 45° bis sin 90°								
Grad	0′	10′	20′	30′	40′	50′	60′	
45	0,7071	0,7092	0,7112	0,7133	0,7153	0,7173	0,7193	44
46	0,7193	0,7214	0,7234	0,7254	0,7274	0,7294	0,7314	43
47	0,7314	0,7333	0,7353	0,7373	0,7392	0,7412	0,7431	42
48	0,7431	0,7451	0,7470	0,7490	0,7509	0,7528	0,7547	41
49	0,7547	0,7566	0,7585	0,7604	0,7623	0,7642	0,7660	40
50	0,7660	0,7679	0,7698	0,7716	0,7735	0,7753	0,7771	39
51	0,7771	0,7790	0,7808	0,7826	0,7844	0,7862	0,7880	38
52	0,7880	0,7898	0,7916	0,7934	0,7951	0,7969	0,7986	37
53	0,7986	0,8004	0,8021	0,8039	0,8056	0,8073	0,8090	36
54	0,8090	0,8107	0,8124	0,8141	0,8158	0,8175	0,8192	35
55	0,8192	0,8208	0,8225	0,8241	0,8258	0,8274	0,8290	34
56	0,8290	0,8307	0,8323	0,8339	0,8355	0,8371	0,8387	33
57	0,8387	0,8403	0,8418	0,8434	0,8450	0,8465	0,8480	32
58	0,8480	0,8496	0,8511	0,8526	0,8542	0,8557	0,8572	31
59	0,8572	0,8587	0,8601	0,8616	0,8631	0,8646	0,8660	30
60	0,8660	0,8675	0,8689	0,8704	0,8718	0,8732	0,8746	29
61	0,8746	0,8760	0,8774	0,8788	0,8802	0,8816	0,8829	28
62	0,8829	0,8843	0,8857	0,8870	0,8884	0,8897	0,8910	27
63	0,8910	0,8923	0,8936	0,8949	0,8962	0,8975	0,8988	26
64	0,8988	0,9001	0,9013	0,9026	0,9038	0,9051	0,9063	25
65	0,9063	0,9075	0,9088	0,9100	0,9112	0,9124	0,9135	24
66	0,9135	0,9147	0,9159	0,9171	0,9182	0,9194	0,9205	23
67	0,9205	0,9216	0,9228	0,9239	0,9250	0,9261	0,9272	22
68	0,9272	0,9283	0,9293	0,9304	0,9315	0,9325	0,9336	21
69	0,9336	0,9346	0,9356	0,9367	0,9377	0,9387	0,9397	20
70	0,9397	0,9407	0,9417	0,9426	0,9436	0,9446	0,9455	19
71	0,9455	0,9465	0,9474	0,9483	0,9492	0,9502	0,9511	18
72	0,9511	0,9520	0,9528	0,9537	0,9546	0,9555	0,9563	17
73	0,9563	0,9572	0,9580	0,9588	0,9596	0,9605	0,9613	16
74	0,9613	0,9621	0,9628	0,9636	0,9644	0,9652	0,9659	15
75	0,9659	0,9667	0,9674	0,9681	0,9689	0,9696	0,9703	14
76	0,9703	0,9710	0,9717	0,9724	0,9730	0,9737	0,9744	13
77	0,9744	0,9750	0,9757	0,9763	0,9769	0,9775	0,9781	12
78	0,9781	0,9787	0,9793	0,9799	0,9805	0,9811	0,9816	11
79	0,9816	0,9822	0,9827	0,9833	0,9838	0,9843	0,9848	10
80	0,9848	0,9853	0,9858	0,9863	0,9868	0,9872	0,9877	9
81	0,9877	0,9881	0,9886	0,9890	0,9894	0,9899	0,9903	8
82	0,9903	0,9907	0,9911	0,9914	0,9918	0,9922	0,9925	7
83	0,9925	0,9929	0,9932	0,9936	0,9939	0,9942	0,9945	6
84	0,9945	0,9948	0,9951	0,9954	0,9957	0,9959	0,9962	5
85	0,9962	0,9964	0,9967	0,9969	0,9971	0,9974	0,9976	4
86	0,9976	0,9978	0,9980	0,9981	0,9983	0,9985	0,9986	3
87	0,9986	0,9988	0,9989	0,9990	0,9992	0,9993	0,9994	2
88	0,9994	0,9995	0,9996	0,99966	0,99973	0,99979	0,99985	1
89	0,99985	0,99989	0,99993	0,99996	0,99998	1,0000	1,0000	0
	60′	50′	40′	30′	20′	10′	0′	Grad
	cos 0° bis cos 45°							

Vorzeichen der Winkelfunktionen in den 4 Quadranten (vgl. Seite 7)

Quadrat / ◁ Funktion	sin *α*	cos *α*	tan *α*	cot *α*
I	+	+	+	+
II	+	–	–	–
III	–	–	+	+
IV	–	+	–	–

Trigonometrische Zahlentafeln: Tangens, Cotangens

tan 0° bis tan 45°								
Grad	0′	10′	20′	30′	40′	50′	60′	
0	0,0000	0,0029	0,0058	0,0087	0,0116	0,0145	0,0175	**89**
1	0,0175	0,0204	0,0233	0,0262	0,0291	0,0320	0,0349	**88**
2	0,0349	0,0378	0,0407	0,0437	0,0466	0,0495	0,0524	**87**
3	0,0524	0,0553	0,0582	0,0612	0,0641	0,0670	0,0699	**86**
4	0,0699	0,0729	0,0758	0,0787	0,0816	0,0846	0,0875	**85**
5	0,0875	0,0904	0,0934	0,0963	0,0992	0,1022	0,1051	**84**
6	0,1051	0,1080	0,1110	0,1139	0,1169	0,1198	0,1228	**83**
7	0,1228	0,1257	0,1287	0,1317	0,1346	0,1376	0,1405	**82**
8	0,1405	0,1435	0,1465	0,1495	0,1524	0,1554	0,1584	**81**
9	0,1584	0,1614	0,1644	0,1673	0,1703	0,1733	0,1763	**80**
10	0,1763	0,1793	0,1823	0,1853	0,1883	0,1914	0,1944	**79**
11	0,1944	0,1974	0,2004	0,2035	0,2065	0,2095	0,2126	**78**
12	0,2126	0,2156	0,2186	0,2217	0,2247	0,2278	0,2309	**77**
13	0,2309	0,2339	0,2370	0,2401	0,2432	0,2462	0,2493	**76**
14	0,2493	0,2524	0,2555	0,2586	0,2617	0,2648	0,2679	**75**
15	0,2679	0,2711	0,2742	0,2773	0,2805	0,2836	0,2867	**74**
16	0,2867	0,2899	0,2931	0,2962	0,2994	0,3026	0,3057	**73**
17	0,3057	0,3089	0,3121	0,3153	0,3185	0,3217	0,3249	**72**
18	0,3249	0,3281	0,3314	0,3346	0,3378	0,3411	0,3443	**71**
19	0,3443	0,3476	0,3508	0,3541	0,3574	0,3607	0,3640	**70**
20	0,3640	0,3673	0,3706	0,3739	0,3772	0,3805	0,3839	**69**
21	0,3839	0,3872	0,3906	0,3939	0,3973	0,4006	0,4040	**68**
22	0,4040	0,4074	0,4108	0,4142	0,4176	0,4210	0,4245	**67**
23	0,4245	0,4279	0,4314	0,4348	0,4383	0,4417	0,4452	**66**
24	0,4452	0,4487	0,4522	0,4557	0,4592	0,4628	0,4663	**65**
25	0,4663	0,4699	0,4734	0,4770	0,4806	0,4841	0,4877	**64**
26	0,4877	0,4913	0,4950	0,4986	0,5022	0,5059	0,5095	**63**
27	0,5095	0,5132	0,5169	0,5206	0,5243	0,5280	0,5317	**62**
28	0,5317	0,5354	0,5392	0,5430	0,5467	0,5505	0,5543	**61**
29	0,5543	0,5581	0,5619	0,5658	0,5696	0,5735	0,5774	**60**
30	0,5774	0,5812	0,5851	0,5890	0,5930	0,5969	0,6009	**59**
31	0,6009	0,6048	0,6088	0,6128	0,6168	0,6208	0,6249	**58**
32	0,6249	0,6289	0,6330	0,6371	0,6412	0,6453	0,6494	**57**
33	0,6494	0,6536	0,6577	0,6619	0,6661	0,6703	0,6745	**56**
34	0,6745	0,6787	0,6830	0,6873	0,6916	0,6959	0,7002	**55**
35	0,7002	0,7046	0,7089	0,7133	0,7177	0,7221	0,7265	**54**
36	0,7265	0,7310	0,7355	0,7400	0,7445	0,7490	0,7536	**53**
37	0,7536	0,7581	0,7627	0,7673	0,7720	0,7760	0,7813	**52**
38	0,7813	0,7860	0,7907	0,7954	0,8002	0,8050	0,8098	**51**
39	0,8098	0,8146	0,8195	0,8243	0,8292	0,8342	0,8391	**50**
40	0,8391	0,8441	0,8491	0,8541	0,8591	0,8642	0,8693	**49**
41	0,8693	0,8744	0,8796	0,8847	0,8899	0,8952	0,9004	**48**
42	0,9004	0,9057	0,9110	0,9163	0,9217	0,9271	0,9325	**47**
43	0,9325	0,9380	0,9435	0,9490	0,9545	0,9601	0,9657	**46**
44	0,9657	0,9713	0,9770	0,9827	0,9884	0,9942	1,0000	**45**
	60′	50′	40′	30′	20′	10′	0′	**Grad**
	cot 45° bis cot 90°							

tan 45° bis tan 90°								
Grad	0′	10′	20′	30′	40′	50′	60′	
45	1,0000	1,0058	1,0117	1,0176	1,0236	1,0295	1,0355	**44**
46	1,0355	1,0416	1,0477	1,0538	1,0599	1,0661	1,0724	**43**
47	1,0724	1,0786	1,0850	1,0913	1,0977	1,1041	1,1106	**42**
48	1,1106	1,1171	1,1237	1,1303	1,1369	1,1436	1,1504	**41**
49	1,1504	1,1571	1,1640	1,1708	1,1778	1,1847	1,1918	**40**
50	1,1918	1,1988	1,2059	1,2131	1,2203	1,2276	1,2349	**39**
51	1,2349	1,2423	1,2500	1,2572	1,2647	1,2723	1,2799	**38**
52	1,2799	1,2876	1,2954	1,3032	1,3111	1,3190	1,3270	**37**
53	1,3270	1,3351	1,3432	1,3514	1,3597	1,3680	1,3764	**36**
54	1,3764	1,3848	1,3934	1,4020	1,4106	1,4193	1,4281	**35**
55	1,4281	1,4370	1,4460	1,4550	1,4641	1,4733	1,4826	**34**
56	1,4826	1,4919	1,5013	1,5108	1,5204	1,5301	1,5399	**33**
57	1,5399	1,5497	1,5597	1,5697	1,5798	1,5990	1,6003	**32**
58	1,6003	1,6107	1,6212	1,6319	1,6426	1,6534	1,6643	**31**
59	1,664	1,675	1,686	1,698	1,709	1,720	1,732	**30**
60	1,732	1,744	1,756	1,767	1,780	1,792	1,804	**29**
61	1,804	1,816	1,829	1,842	1,855	1,868	1,881	**28**
62	1,881	1,894	1,907	1,921	1,935	1,949	1,963	**27**
63	1,963	1,977	1,991	2,006	2,020	2,035	2,050	**26**
64	2,050	2,066	2,081	2,097	2,112	2,128	2,145	**25**
65	2,145	2,161	2,177	2,194	2,211	2,229	2,246	**24**
66	2,246	2,264	2,282	2,300	2,318	2,337	2,356	**23**
67	2,356	2,375	2,394	2,414	2,434	2,455	2,475	**22**
68	2,475	2,496	2,517	2,539	2,560	2,583	2,605	**21**
69	2,605	2,628	2,651	2,675	2,699	2,723	2,747	**20**
70	2,747	2,773	2,798	2,824	2,850	2,877	2,904	**19**
71	2,904	2,932	2,960	2,989	3,018	3,047	3,078	**18**
72	3,078	3,108	3,140	3,172	3,204	3,237	3,271	**17**
73	3,271	3,305	3,340	3,376	3,412	3,450	3,487	**16**
74	3,487	3,526	3,566	3,606	3,647	3,689	3,732	**15**
75	3,732	3,776	3,821	3,867	3,914	3,962	4,011	**14**
76	4,011	4,061	4,113	4,165	4,219	4,275	4,331	**13**
77	4,331	4,390	4,449	4,511	4,574	4,638	4,705	**12**
78	4,705	4,773	4,843	4,915	4,989	5,066	5,145	**11**
79	5,145	5,226	5,309	5,396	5,485	5,576	5,671	**10**
80	5,671	5,769	5,871	5,976	6,084	6,197	6,314	**9**
81	6,314	6,435	6,561	6,691	6,827	6,968	7,115	**8**
82	7,115	7,269	7,429	7,596	7,770	7,953	8,144	**7**
83	8,144	8,345	8,556	8,777	9,010	9,255	9,514	**6**
84	9,514	9,788	10,078	10,385	10,712	11,059	11,430	**5**
85	11,430	11,826	12,251	12,706	13,197	13,727	14,301	**4**
86	14,301	14,924	15,605	16,350	17,169	18,075	19,081	**3**
87	19,081	20,206	21,470	22,904	24,542	26,432	28,636	**2**
88	28,636	31,242	34,368	38,188	42,964	49,104	57,290	**1**
89	57,290	68,750	85,940	114,59	171,89	343,77	∞	**0**
	60′	50′	40′	30′	20′	10′	0′	**Grad**
	cot 0° bis cot 45°							

Bogenmaße

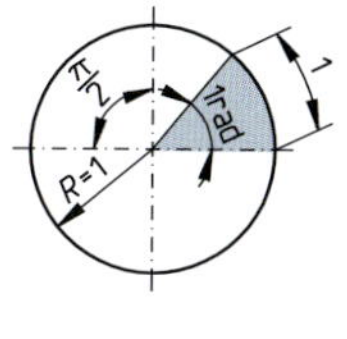

Einen Winkel kann man außer im Gradmaß α auch im Bogenmaß $\widehat{\alpha}$ angeben. Einheit für das Bogenmaß ist der Radiant (rad).

$$\widehat{\alpha} = \pi \cdot \frac{\alpha}{180°}\ \text{rad}$$

α in °	0	30	45	57,59	60	90	180	270	360
$\widehat{\alpha}$ in rad	0	$\frac{\pi}{6}$	$\frac{\pi}{4}$	1	$\frac{\pi}{3}$	$\frac{\pi}{2}$	π	$\frac{3}{2}\pi$	2π

Art	Formel	Formelzeichen	Erklärung
Schlussrechnen 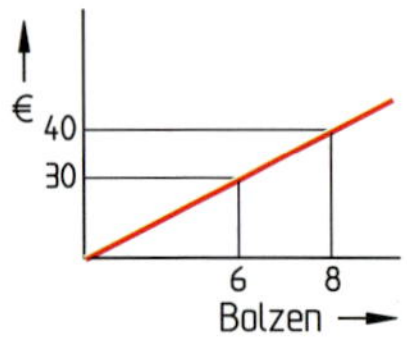	**Gleiches Verhältnis (direkt proportional)** 1. Satz: Behauptungssatz: 8 Bolzen kosten 40 €. 2. Satz: Mittelsatz: Schließen von der Mehrheit auf die Einzelheit 1 Bolzen kostet $\frac{\mathbf{40\ €}}{\mathbf{8}}$. 3. Satz: Schlusssatz: Schließen von der Einzelheit auf die neue Mehrheit 6 Bolzen kosten $\frac{40\ € \cdot 6}{8} = 30\ €$.		
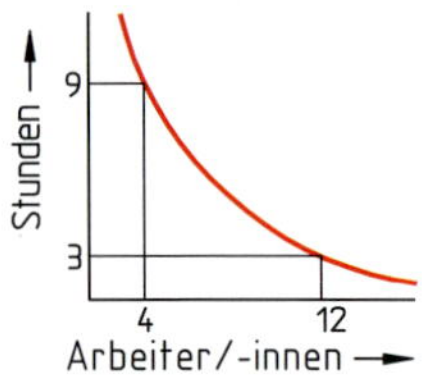	**Umgekehrtes Verhältnis (indirekt proportional)** 1. Satz: Behauptungssatz: 12 Arbeiter/-innen montieren eine Maschine in 3 Stunden. 2. Satz: Mittelsatz: Schließen von der Mehrheit auf die Einzelheit 1 Arbeiter/-in montiert eine Maschine in 12 · 3 Stunden. 3. Satz: Schlusssatz: 4 Arbeiter/-innen montieren eine Maschine in $\frac{12 \cdot 3\ h}{4} = 9\ h$.		
Prozentrechnen 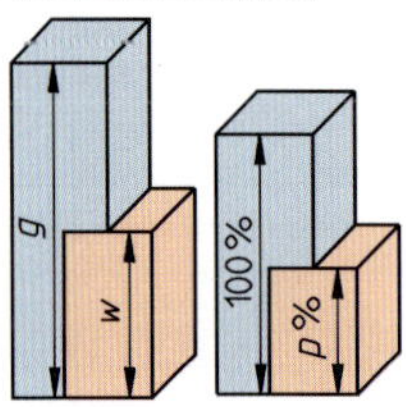	Prozentrechnung ist eine Schlussrechnung, bei der alle Größen auf 100 bezogen werden. 1 % = 1 v. H. (vom Hundert) $w = \frac{p}{100\ \%} \cdot g$ $p = \frac{w \cdot 100\ \%}{g}$ $g = \frac{w \cdot 100\ \%}{p}$	w g p	Prozentwert, Teilmenge vom Grundwert Grundwert Prozentsatz in %, Teilmenge von 100 %
	Bei der Promillerechnung sind alle Größen auf 1 000 bezogen. 1 ‰ = 1 v. T. (vom Tausend)	w g p	Promillewert Grundwert Promillesatz in ‰
Mischungsrechnen 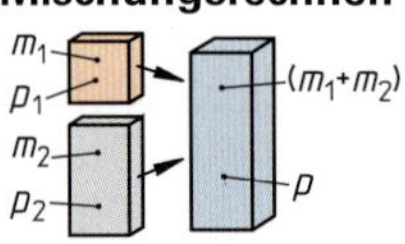	Durch Mischen soll eine Lösung (Mischung /Legierung) bestimmter Konzentration hergestellt werden. $p_1 \cdot m_1 + p_2 \cdot m_2 + ... = p \cdot (m_1 + m_2 + ...)$	$m_1, m_2 ...$ $p_1, p_2 ...$ p	Teilmassen der Ausgangsstoffe Massenprozente Konzentration der fertigen Mischung in %
Steigung 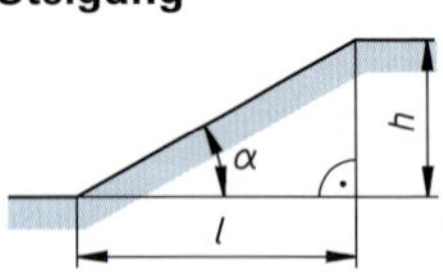	Bei einer Steigung von x % beträgt die Höhendifferenz h Meter auf 100 m horizontaler Länge l. $x = \frac{h \cdot 100\ \%}{l}$ $h = \frac{x \cdot l}{100\ \%}$ $l = \frac{h \cdot 100\ \%}{x}$ $\tan\alpha = \frac{h}{l}$ $h = l \cdot \tan\alpha$ $l = \frac{h}{\tan\alpha}$	x h l α	Steigung in % Höhendifferenz in m horizontale Länge in m Steigungswinkel

Allgemeines Rechnen

Art	Formel	Formelzeichen	Erklärung
Satz des Pythagoras 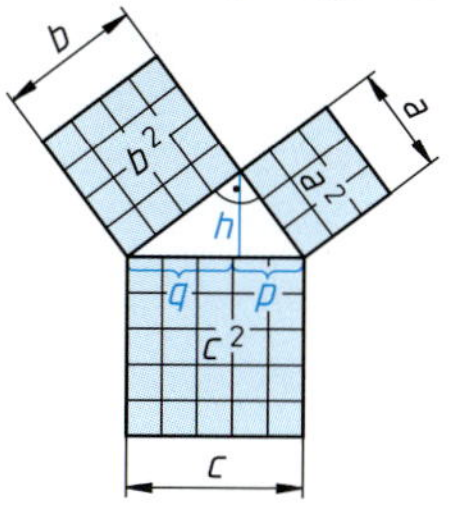	Im rechtwinkligen Dreieck ist das Hypotenusenquadrat gleich der Summe der Kathetenquadrate. $a^2 + b^2 = c^2$ $a = \sqrt{c^2 - b^2}$ $b = \sqrt{c^2 - a^2}$ $c = \sqrt{a^2 - b^2}$ **Kathetensatz:** $b^2 = c \cdot q$ $a^2 = c \cdot p$ **Höhensatz:** $h^2 = q \cdot p$	a, b c h p, q	Katheten Hypotenuse Höhe Hypotenusenabschnitte

Winkelfunktionen

Beziehungen am Einheitskreis

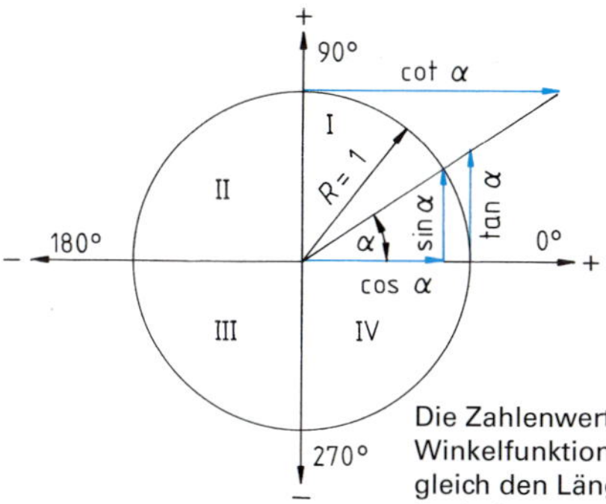

Die Zahlenwerte der Winkelfunktionen sind gleich den Längen der Dreieckseiten.

Verlauf in den 4 Quadranten:

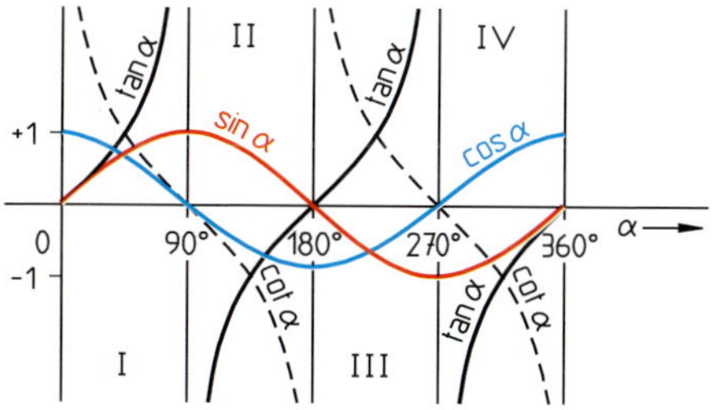

Beziehungen: $\sin^2\alpha + \cos^2\alpha = 1$

$\tan\alpha = \frac{\sin\alpha}{\cos\alpha}$ $\qquad \tan\alpha = \frac{1}{\cot\alpha}$

Beziehungen im rechtwinkligen Dreieck

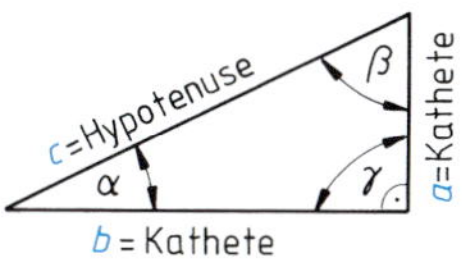

$\gamma = 90°$

$\alpha + \beta + \gamma = 180°$

sinus $= \frac{\text{Gegenkathete}}{\text{Hypotenuse}}$ $\qquad \sin\alpha = \frac{a}{c};\ \sin\beta = \frac{b}{c}$

cosinus $= \frac{\text{Ankathete}}{\text{Hypotenuse}}$ $\qquad \cos\alpha = \frac{b}{c};\ \cos\beta = \frac{a}{c}$

tangens $= \frac{\text{Gegenkathete}}{\text{Ankathete}}$ $\qquad \tan\alpha = \frac{a}{b};\ \tan\beta = \frac{b}{a}$

cotangens $= \frac{\text{Ankathete}}{\text{Gegenkathete}}$ $\qquad \cot\alpha = \frac{b}{a};\ \cot\beta = \frac{a}{b}$

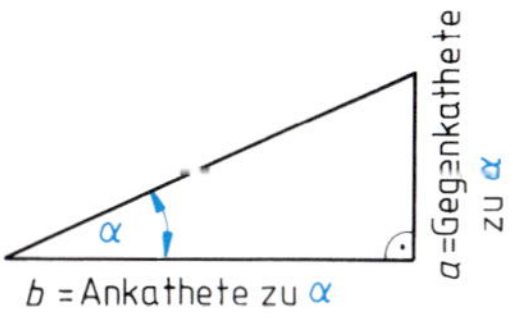

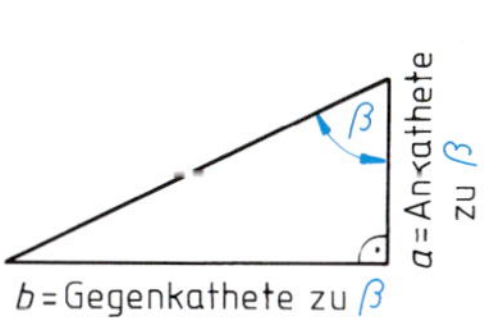

Längen

	Formel	Formelzeichen	Erklärung weitere Einheiten siehe S. 2	
Teilung von Längen **mit ungleichen Endstücken** 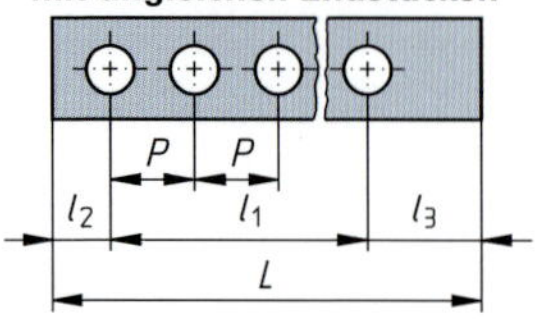	$L = l_1 + l_2 + l_3$ $L = z \cdot P + l_2 + l_3$ $z = n - 1$	L l_1 P l_2, l_3 n z	Gesamtlänge Teilungslänge Teilung Randabstände Anzahl der Bohrungen Anzahl der Teilungen	in mm in mm in mm in mm – –
mit gleichen Endstücken 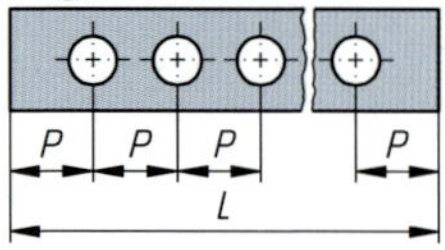	$L = z \cdot P$ $z = n + 1$			
Gestreckte Länge 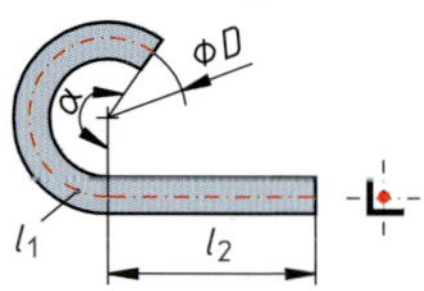	Die gestreckte Länge gebogener Werkstücke ist die Länge der Schwerpunktlinie (neutrale Faser). $L = l_1 + l_2 + l_3 + \dots$ $l_1 = \frac{D \cdot \pi \cdot \alpha}{360°}$ $D = \frac{l_1 \cdot 360°}{\pi \cdot \alpha}$ $\alpha = \frac{l_1 \cdot 360°}{D \cdot \pi}$	L l_1, l_2, l_3 D α	Gestreckte Länge Teillängen Durchmesser der Schwerpunktbiegelinie Biegewinkel	in mm in mm in mm in °

Flächen

	Formel		Formelzeichen	Erklärung weitere Einheiten siehe S. 2	
Quadrat 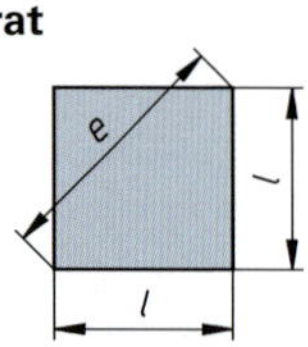	$U = 4 \cdot l$ $l = \frac{1}{4} \cdot U$ $A = l^2$ $l = \sqrt{A}$ $e = l \cdot \sqrt{2}$		U A l e	Umfang Fläche Seitenlänge Diagonale	in mm, cm, dm, m in mm², cm², dm², m² in mm, cm, dm, m in mm, cm, dm, m
Rechteck 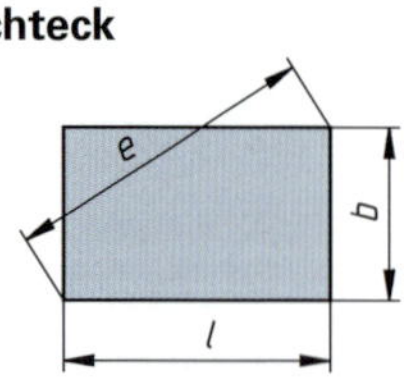	$U = 2 \cdot (l + b)$ $l = \frac{1}{2} \cdot U - b$ $b = \frac{1}{2} \cdot U - l$	$A = l \cdot b$ $l = \frac{A}{b}$ $b = \frac{A}{l}$ $e = \sqrt{l^2 + b^2}$	U A l b e	Umfang Fläche Grundseite Breite Diagonale	in mm, cm, dm, m in mm², cm², dm², m² in mm, cm, dm, m in mm, cm, dm, m in mm, cm, dm, m
Parallelogramm 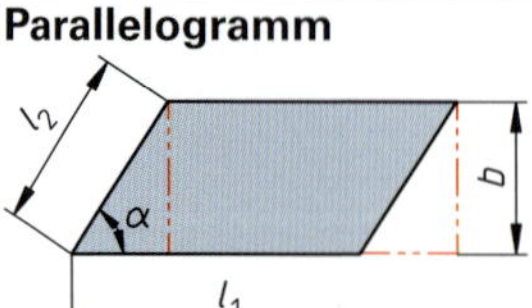	$U = 2 \cdot (l_1 + l_2)$ $l_1 = \frac{1}{2} \cdot U - l_2$ $l_2 = \frac{1}{2} \cdot U - l_1$	$A = l_1 \cdot b$ $l_1 = \frac{A}{b}$ $b = \frac{A}{l_1}$	U A b l_1, l_2	Umfang Fläche Breite Seitenlängen	in mm, cm, dm, m in mm², cm², dm², m² in mm, cm, dm, m in mm, cm, dm, m

Flächen

	Formel	Formelzeichen	Erklärung weitere Einheiten siehe S. 2

Dreieck

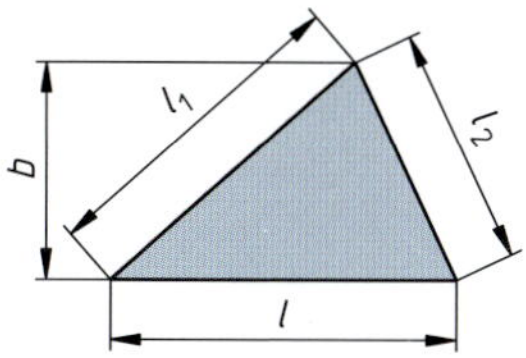

Formel

$U = l + l_1 + l_2$

$l = U - l_1 - l_2$

$l_1 = U - l - l_2$

$l_2 = U - l - l_1$

$A = \frac{l \cdot b}{2}$

$l_2 = \frac{2 \cdot A}{b}$

$b = \frac{2 \cdot A}{l}$

Formelzeichen	Erklärung	Einheiten
U	Umfang	in mm, cm, dm, m
A	Fläche	in mm^2, cm^2, dm^2, m^2
l	Grundseite	in mm, cm, dm, m
b	Breite	in mm, cm, dm, m
l_1, l_2	Dreieckseiten	in mm, cm, dm, m

Trapez

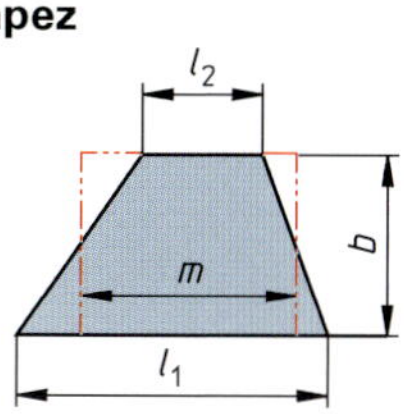

Formel

$A = m \cdot b$

$m = \frac{A}{b}$

$b = \frac{A}{m}$

$A = \frac{l_1 + l_2}{2} \cdot b$

$l_1 = \frac{2 \cdot A}{b} - l_2$

$l_2 = \frac{2 \cdot A}{b} - l_1$

$b = \frac{2 \cdot A}{l_1 + l_2}$

$m = \frac{l_1 + l_2}{2}$

$l_1 = 2 \cdot m - l_2$

$l_2 = 2 \cdot m - l_1$

Formelzeichen	Erklärung	Einheiten
A	Fläche	in mm^2, cm^2, dm^2, m^2
b	Breite	in mm, cm, dm, m
l_1, l_2	Seitenlängen	in mm, cm, dm, m
m	Mittlere Seitenlänge	in mm, cm, dm, m

Regelmäßiges Vieleck

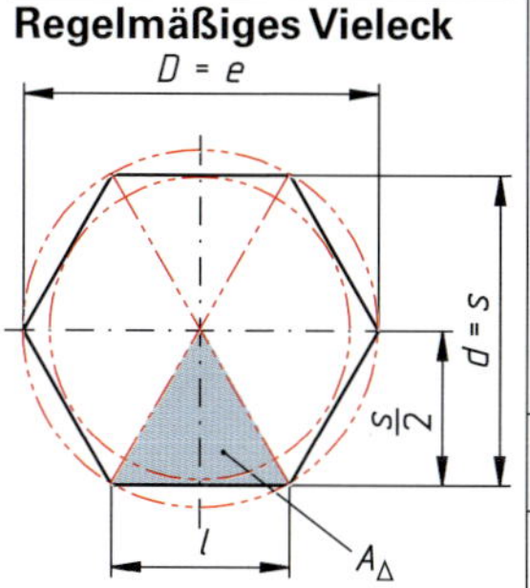

Formel

$A = A_\triangle \cdot n$

$A = \frac{A}{n}$

$A = \frac{n \cdot l \cdot d}{4}$

$l = D \cdot \sin\left(\frac{180°}{n}\right)$

$l = \frac{4 \cdot A}{d \cdot n}$

$d = \frac{4 \cdot A}{l \cdot n}$

Eckenzahl	A =			s =
3	$0{,}325 \cdot D^2$	$1{,}299 \cdot d^2$	$0{,}433 \cdot l^2$	–
4	$0{,}500 \cdot D^2$	$1{,}000 \cdot d^2$	$1{,}000 \cdot l^2$	$0{,}707 \cdot e$
5	$0{,}594 \cdot D^2$	$0{,}908 \cdot d^2$	$1{,}721 \cdot l^2$	–
6	$0{,}650 \cdot D^2$	$0{,}866 \cdot d^2$	$2{,}598 \cdot l^2$	$0{,}866 \cdot e$
8	$0{,}707 \cdot D^2$	$0{,}828 \cdot d^2$	$4{,}828 \cdot l^2$	$0{,}924 \cdot e$
10	$0{,}735 \cdot D^2$	$0{,}812 \cdot d^2$	$7{,}694 \cdot l^2$	$0{,}951 \cdot e$
12	$0{,}750 \cdot D^2$	$0{,}804 \cdot d^2$	$11{,}196 \cdot l^2$	$0{,}966 \cdot e$

Formelzeichen	Erklärung	Einheiten
A	Vieleckfläche	in mm^2, cm^2, dm^2, m^2
$A_\triangle$	Teilfläche	in mm^2, cm^2, dm^2, m^2
n	Eckenzahl	
l	Seitenlänge	in mm, cm, dm, m
d	Inkreisdurchmesser	in mm, cm, dm, m
s	Schlüsselweite	in mm, cm, dm, m
D	Umkreisdurchmesser	in mm, cm, dm, m
e	Eckenmaß	in mm, cm, dm, m

Kreis

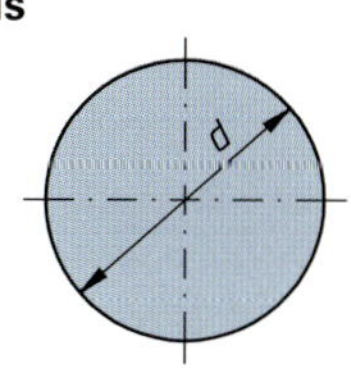

Formel

$U = d \cdot \pi$

$d = \frac{U}{\pi}$

$A = \frac{d^2 \cdot \pi}{4}$

$d = \sqrt{\frac{4 \cdot A}{\pi}}$

Formelzeichen	Erklärung	Einheiten
U	Umfang	in mm, cm, dm
A	Fläche	in mm^2, cm^2, dm^2
d	Durchmesser	in mm, cm, dm

$\pi = 3{,}14159...$

Flächen

	Formel	Formelzeichen	Erklärung weitere Einheiten siehe S. 2

Kreisbogen, Kreisausschnitt

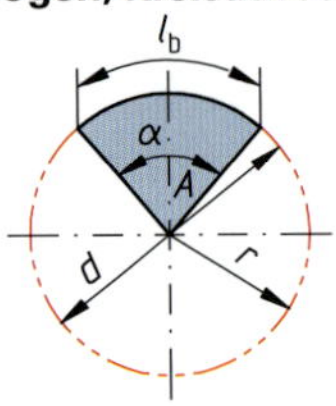

Formel	Formelzeichen	Erklärung
$l_b = \frac{d \cdot \pi \cdot \alpha}{360°}$	l_b	Bogenlänge in mm, cm, dm
$d = \frac{l_b \cdot 360°}{\pi \cdot \alpha}$	α	Zentriwinkel in ° 360° = 21 600′
$\alpha = \frac{l_b \cdot 360°}{d \cdot \pi}$	A	Kreisausschnittfläche in mm², cm², dm²
$A = \frac{d^2 \cdot \pi}{4} \cdot \frac{\alpha}{360°}$	d	Durchmesser in mm, cm, dm
$d = \sqrt{\frac{4 \cdot A \cdot 360°}{\pi \cdot \alpha}}$		
$\alpha = \frac{4 \cdot A \cdot 360°}{d^2 \cdot \pi}$		

Kreisring

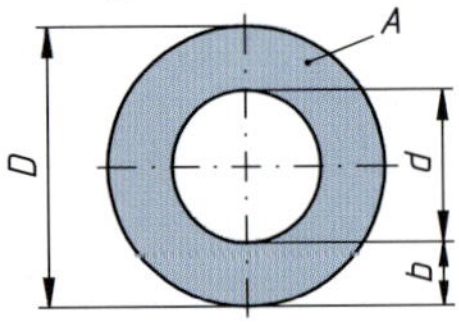

Formel	Formelzeichen	Erklärung
$A = \frac{D^2 \cdot \pi}{4} - \frac{d^2 \cdot \pi}{4} = \frac{\pi}{4} \cdot (D^2 - d^2)$	A	Fläche in mm², cm², dm²
$D = \sqrt{\frac{4 \cdot A}{\pi} + d^2}$	D	Außendurchmesser in mm, cm, dm
$b = \frac{D - d}{2}$	d	Innendurchmesser in mm, cm, dm
	b	Ringbreite in mm, cm, dm

Kreisringausschnitt

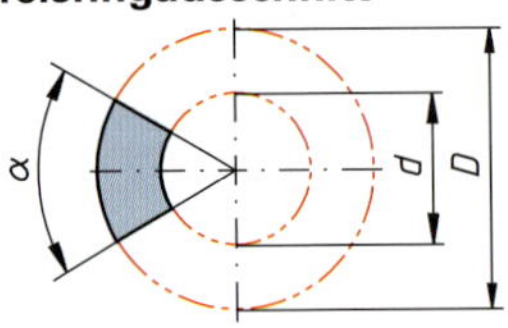

Formel	Formelzeichen	Erklärung
$A = \left(\frac{D^2 \cdot \pi}{4} - \frac{d^2 \cdot \pi}{4}\right) \cdot \frac{\alpha}{360°}$	A	Fläche in mm², cm², dm²
$A = (D^2 - d^2) \cdot \frac{\pi}{4} \cdot \frac{\alpha}{360°}$	α	Bogenwinkel in °
	d	Innendurchmesser in mm, cm, dm
	D	Außendurchmesser in mm, cm, dm

Ellipse

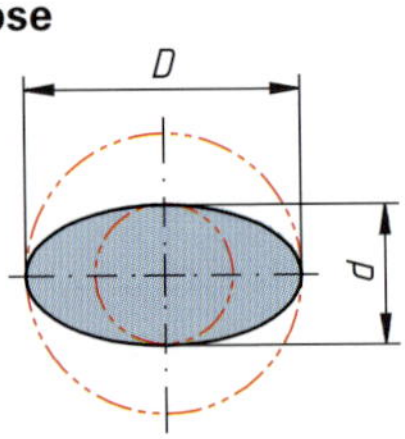

Formel	Formelzeichen	Erklärung
$U \approx \pi \cdot d_m = \pi \cdot \frac{D + d}{2}$	U	Umfang in mm, cm, dm
$A = \frac{\pi \cdot d \cdot D}{4}$	A	Fläche in mm², cm², dm²
	d	Inkreisdurchmesser in mm, cm, dm
	D	Umkreisdurchmesser in mm, cm, dm
	d_m	gemittelter Kreisdurchmesser in mm, cm, dm

Körper

	Formel	Formelzeichen	Erklärung weitere Einheiten siehe S. 2

Würfel

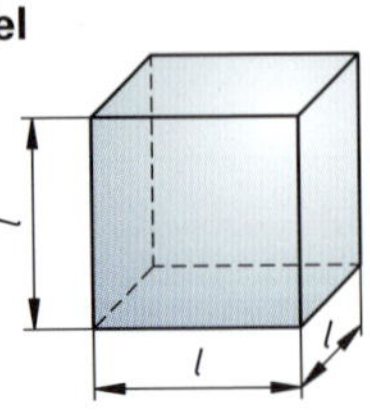

Formel	Formelzeichen	Erklärung
$V = l^3$	V	Rauminhalt in mm³, cm³, dm³
$l = \sqrt[3]{V}$	l	Kantenlänge in mm, cm, dm

Körper

	Formel	Formelzeichen	Erklärung weitere Einheiten siehe S. 2	
Rechteckprisma, Quader 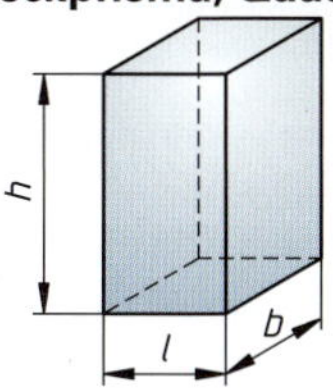	$V = l \cdot b \cdot h$ $l = \frac{V}{b \cdot h}$ $b = \frac{V}{l \cdot h}$ $h = \frac{V}{l \cdot b}$	V l b h	Rauminhalt Länge Breite Höhe	in mm^3, cm^3, dm^3 in mm, cm, dm in mm, cm, dm in mm, cm, dm
Prisma 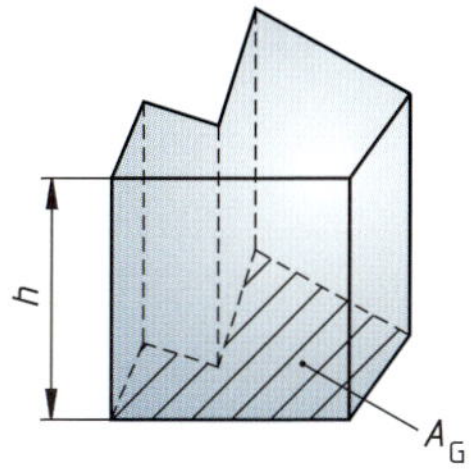	$V = A_G \cdot h$ $h = \frac{V}{A_G}$ $A_G = \frac{V}{h}$	V A_G h	Rauminhalt Grundfläche Höhe	in mm^3, cm^3, dm^3 in mm^2, cm^2, dm^2 in mm, cm, dm
Zylinder 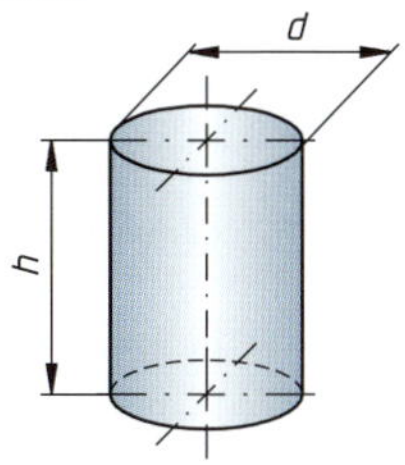	$V = \frac{d^2 \cdot \pi}{4} \cdot h$ $h = \frac{4 \cdot V}{d^2 \cdot \pi}$ $d = \sqrt{\frac{4 \cdot V}{h \cdot \pi}}$	V d h	Rauminhalt Durchmesser Höhe	in mm^3, cm^3, dm^3 in mm, cm, dm in mm, cm, dm
Hohlzylinder 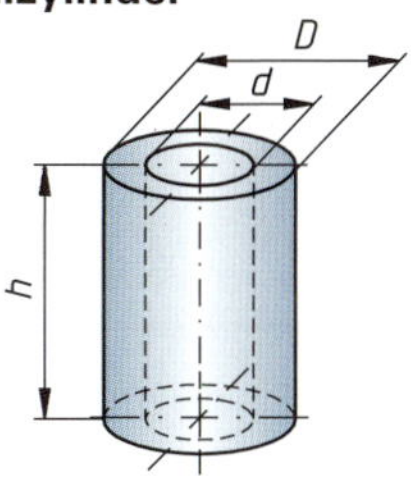	$V = \frac{\pi}{4} \cdot (D^2 - d^2) \cdot h$ $h = \frac{4 \cdot V}{(D^2 - d^2) \cdot \pi}$ $D = \sqrt{\frac{4 \cdot V}{h \cdot \pi} - d^2}$ $d = \sqrt{D^2 - \frac{4 \cdot V}{h \cdot \pi}}$	V D d h	Rauminhalt Außendurchmesser Innendurchmesser Höhe	in mm^3, cm^3, dm^3 in mm, cm, dm in mm, cm, dm in mm, cm, dm
Kegel 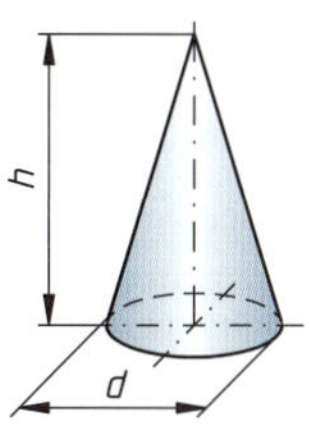	$V = \frac{1}{3} \cdot \frac{d^2 \cdot \pi}{4} \cdot h$ $V = \frac{d^2 \cdot \pi \cdot h}{12}$ $h = \frac{12 \cdot V}{d^2 \cdot \pi}$ $d = \sqrt{\frac{12 \cdot V}{h \cdot \pi}}$	V d h	Rauminhalt Durchmesser Höhe	in mm^3, cm^3, dm^3 in mm, cm, dm in mm, cm, dm

Körper

	Formel	Formelzeichen	Erklärung weitere Einheiten siehe S. 2
Kegelstumpf 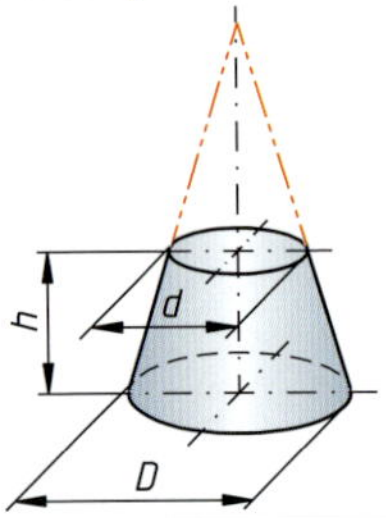	$V = \frac{\pi \cdot h}{12} \cdot (D^2 + d^2 + D \cdot d)$ $V \approx \frac{\pi}{4} \cdot d_m^{\,2} \cdot h = \frac{\pi}{4} \cdot \left(\frac{D+d}{2}\right)^2 \cdot h$	V	Rauminhalt in mm³, cm³, dm³
		d_m	Durchmesser der gemittelten Kreisfläche in mm, cm, dm
		D	Grundflächendurchmesser in mm, cm, dm
		d	Deckflächendurchmesser in mm, cm, dm
		h	Höhe in mm, cm, dm
Quadratische Pyramide 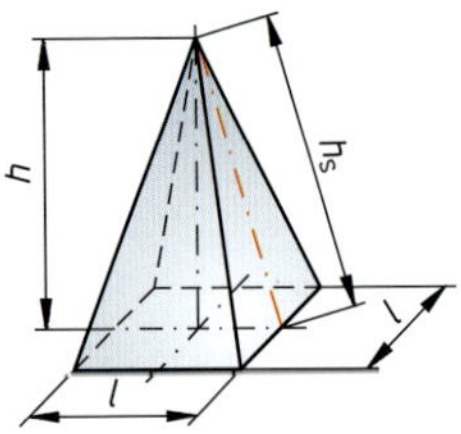	$V = \frac{1}{3} \cdot l^2 \cdot h$	V	Rauminhalt in mm³, cm³, dm³
		l	Seitenlänge in mm, cm, dm
		h	Höhe in mm, cm, dm
Quadratischer Pyramidenstumpf 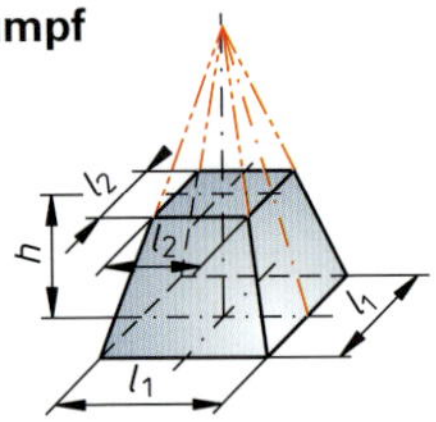	$V = \frac{h}{3} \cdot (l_1^2 + l_2^2 + l_1 \cdot l_2)$ $V \approx l_m^{\,2} \cdot h = \left(\frac{l_1 + l_2}{2}\right)^2 \cdot h$	V	Rauminhalt in mm³, cm³, dm³
		l_m	Länge der gemittelten Fläche in mm, cm, dm
		l_1	Länge der Grundseite in mm, cm, dm
		l_2	Länge der Deckseite in mm, cm, dm
		h	Höhe in mm, cm, dm
Kugel 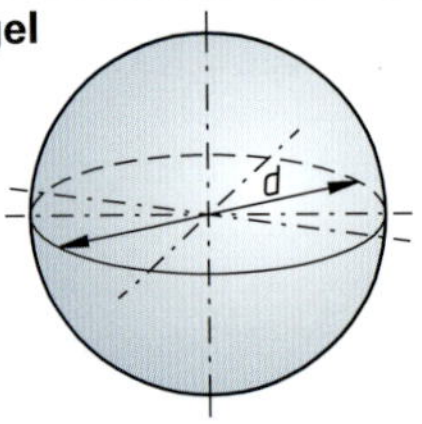	$V = \frac{\pi}{6} \cdot d^3$	V	Rauminhalt in mm³, cm³, dm³
		d	Durchmesser in mm, cm, dm
Guldinsche Regel 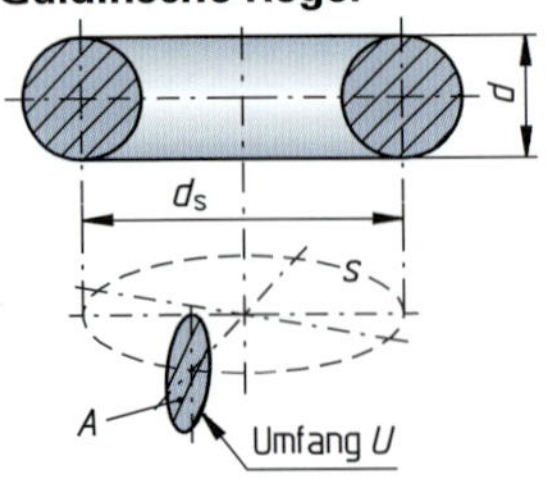	$A_O = U \cdot s = U \cdot \pi \cdot d_2$ $V = A \cdot s = A \cdot \pi \cdot d_2$ z. B. Kreistorus: $A_O = \pi^2 \cdot d \cdot d_s$ $V = \frac{\pi^2}{4} \cdot d^2 \cdot d_s$	V	Rauminhalt in mm³, cm³, dm³
		A_O	Oberfläche in mm², cm², dm²
		A	Querschnittsfläche in mm², cm², dm²
		U	Umfang in mm, cm, dm
		d_s	Durchmesser des Schwerpunktkreises in mm, cm, dm
		d	Durchmesser des Querschnitts in mm, cm, dm
		s	Weg des Schwerpunktes in mm, cm, dm

Masse

	Formel	Formelzeichen	Erklärung weitere Einheiten siehe S. 2
Masse eines Körpers	$m = V \cdot \varrho$	m	Masse, Stoffmenge in g, kg, t
	$V = \frac{m}{\rho}$	V	Rauminhalt, Volumen in cm^3, dm^3, m^3
	$\rho = \frac{m}{V}$	$V_1 \dots V_4$	Teilvolumina in cm^3, dm^3, m^3
	$m = (V_1 + V_2 + V_3 - V_4 \dots) \cdot \varrho$	ϱ	Dichte (rho) in $\frac{g}{cm^3}$, $\frac{kg}{dm^3}$, $\frac{t}{m^3}$

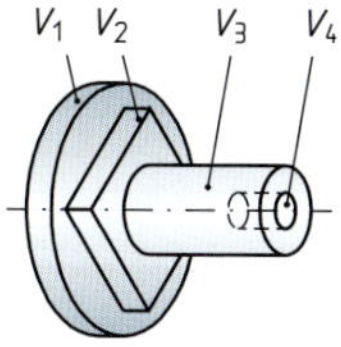

Dichte-Werte:

feste und flüssige Stoffe in $\frac{g}{cm^3}$

Stahl	7,85	Wasser	1,0
GG	7,2	Öl	0,81…0,91
Al	2,7	Hg	13,6
Cu	8,9	Benzol	0,88
PVC	1,35	Diesel	0,82…0,86

gasförmige Stoffe in $\frac{g}{cm^3}$

Luft	1,29	H_2	0,09
CO_2	1,98	He	0,18

Geschwindigkeit

	Formel	Formelzeichen	Erklärung weitere Einheiten siehe S. 2
Gleichförmige, geradlinige Geschwindigkeit; Schnittgeschwindigkeit	$v = \frac{s}{t}$ $s = v \cdot t$ $t = \frac{s}{v}$	v	Geschwindigkeit in $\frac{m}{s}$ Umrechnung v in m/s · 3,6 = v in km/h $\frac{v \text{ in km/h}}{3,6} = v$ in m/s
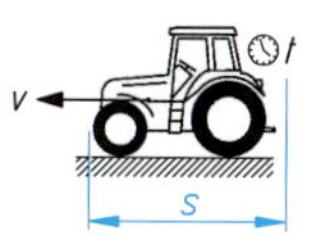		s	Weg in m
		t	Zeit in s
Gleichförmige Umfangsgeschwindigkeit; kreisförmige Schnittgeschwindigkeit	$v = \frac{d \cdot \pi \cdot n}{60}$ $d = \frac{60 \cdot v}{\pi \cdot n}$ $n = \frac{60 \cdot v}{\pi \cdot n}$	v	Umfangsgeschwindigkeit in $\frac{m}{s}$
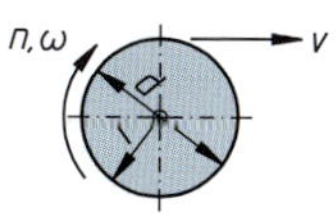		n	Umdrehungsfrequenz, Drehzahl in $\frac{1}{min}$ $1\ min^{-1} = 1\ \frac{1}{min} = \frac{1}{60} = \frac{1}{s}$
		d	Durchmesser in mm, cm, dm
		r	Radius in mm, cm, dm
Winkelgeschwindigkeit	$\omega = \frac{2 \cdot \pi \cdot n}{60} = \frac{\pi \cdot n}{30}$ $n = \frac{\omega \cdot 30}{\pi}$	ω	(Omega), Winkelgeschwindigkeit in $\frac{1}{s}$ = Geschwindigkeit in $\frac{m}{s}$ am Radius $r = 1$ m
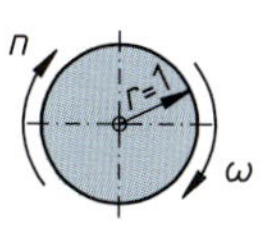		n	Umdrehungsfrequenz, Drehzahl in $\frac{1}{min}$

Beschleunigung und Verzögerung

	Formel	Formelzeichen	Erklärung weitere Einheiten siehe S. 2

Gleichmäßig beschleunigte Bewegung

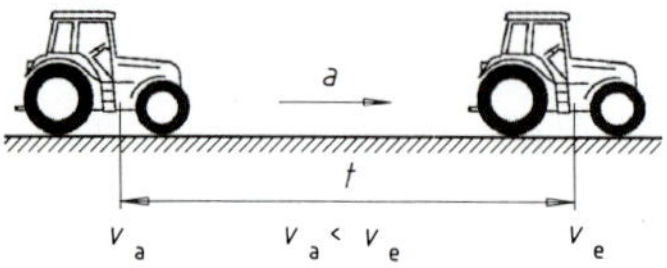

Formel	Formelzeichen	Erklärung	
$a = \frac{v_e - v_a}{t}$	a	Beschleunigung	in $\frac{m}{s^2}$
$t = \frac{v_e - v_a}{a}$	v_a	Anfangsgeschwindigkeit	in $\frac{m}{s}$
$v_e = t \cdot a + v_a$	v_e	Endgeschwindigkeit	in $\frac{m}{s}$
$v_a = v_e - t \cdot a$	t	Zeit	in s

Gleichmäßig verzögerte Bewegung

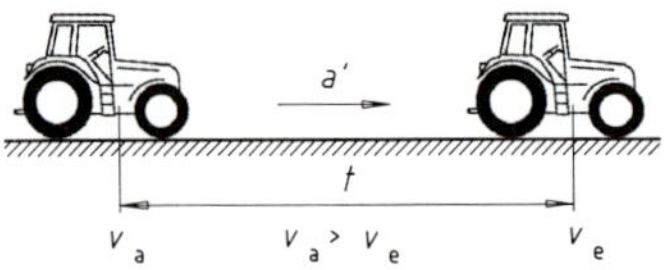

Formel	Formelzeichen	Erklärung	
$a' = \frac{v_a - v_e}{t}$	a'	Verzögerung	in $\frac{m}{s^2}$
$t = \frac{v_a - v_e}{a'}$	v_a	Anfangsgeschwindigkeit	in $\frac{m}{s}$
$v_e = v_a - t \cdot a'$	v_e	Endgeschwindigkeit	in $\frac{m}{s}$
$v_a = t \cdot a' + v_e$	t	Zeit	in s

Beschleunigungsweg

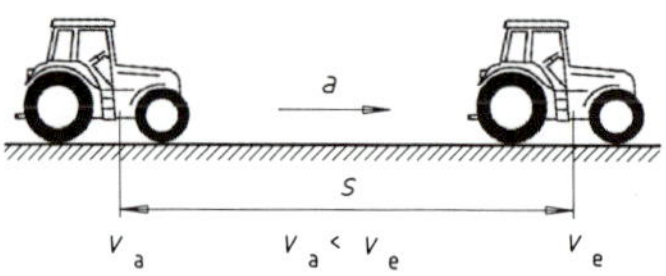

Formel	Formelzeichen	Erklärung	
$s = \frac{{v_e}^2 - {v_a}^2}{2 \cdot a}$	a	Beschleunigung	in $\frac{m}{s^2}$
$a = \frac{{v_e}^2 - {v_a}^2}{2 \cdot s}$	v_a	Anfangsgeschwindigkeit	in $\frac{m}{s}$
$v_e = \sqrt{2 \cdot s \cdot a + {v_a}^2}$	v_e	Endgeschwindigkeit	in $\frac{m}{s}$
$v_a = \sqrt{{v_e}^2 - 2 \cdot s \cdot a}$	s	Beschleunigungsweg	in m

Verzögerungsweg

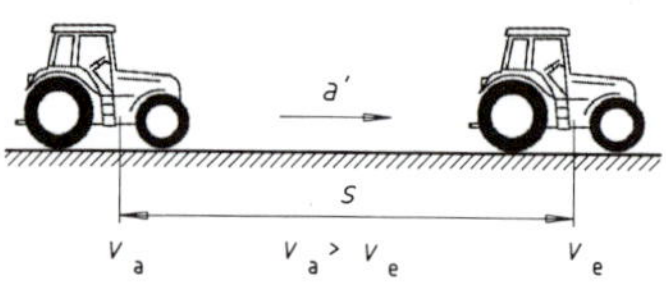

Formel	Formelzeichen	Erklärung	
$s = \frac{{v_a}^2 - {v_e}^2}{2 \cdot a'}$	a'	Verzögerung	in $\frac{m}{s^2}$
$a' = \frac{{v_a}^2 - {v_e}^2}{2 \cdot s}$	v_a	Anfangsgeschwindigkeit	in $\frac{m}{s}$
$v_e = \sqrt{{v_a}^2 - 2 \cdot s \cdot a'}$	v_e	Endgeschwindigkeit	in $\frac{m}{s}$
$v_a = \sqrt{2 \cdot s \cdot a' + {v_e}^2}$	s	Verzögerungsweg (Bremsweg)	in m

Anhalteweg

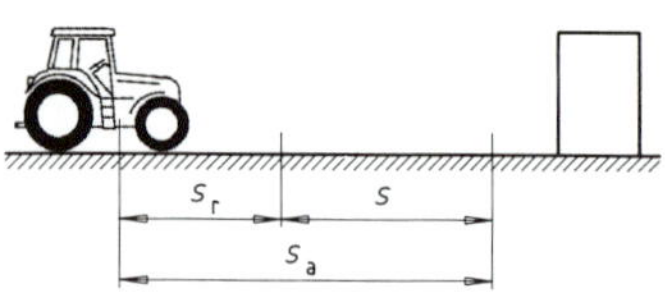

Formel	Formelzeichen	Erklärung	
$s_a = s_r + s$	a'	Verzögerung	in $\frac{m}{s^2}$
$s_r = s_a - s$	v_a	Anfangsgeschwindigkeit	in $\frac{m}{s}$
$s = s_a - s_r$	v_e	Endgeschwindigkeit	in $\frac{m}{s}$
$s_r = v_a \cdot t_r$	s	Verzögerungsweg	in m
$v_a = \frac{s_r}{t_r}$	s_a	Anhalteweg	in m
$t_r = \frac{s_r}{v_a}$	s_r	Reaktionsweg	in m
$s = \frac{{v_a}^2 - {v_e}^2}{2 \cdot a'}$	t_r	Reaktionszeit	in s
$a' = \frac{{v_a}^2 - {v_e}^2}{2 \cdot s}$			
$v_e = \sqrt{{v_a}^2 - 2 \cdot s \cdot a'}$			
$v_a = \sqrt{2 \cdot s \cdot a' + {v_e}^2}$			

Kräfte

	Formel	Formelzeichen	Erklärung weitere Einheiten siehe S. 2	
Kräfte 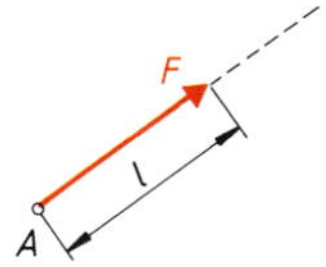	$F = l \cdot KM$	F	Kraft	in N, kN
	$KM = \frac{F}{l}$	l	Länge der gezeichneten Kraftgröße	in cm, mm
	$l = \frac{F}{KM}$	KM	Kräftemaßstab	in $\frac{N}{mm}$, $\frac{N}{cm}$, $\frac{kN}{cm}$
	Bestimmungsgrößen: 1. Angriffspunkt A 2. Größe 3. Richtung der Kraft			
Kräfteparallelogramm 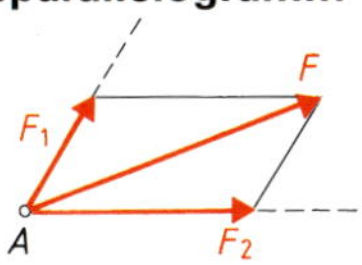	Addition von F_1 und F_2 zur resultierenden Kraft F; Zerlegung von F in F_1 und F_2 bei gegebenen Wirkungslinien	F_1, F_2	Einzelkräfte	in N
		F	resultierende Kraft	in N
Zentrales Krafteck 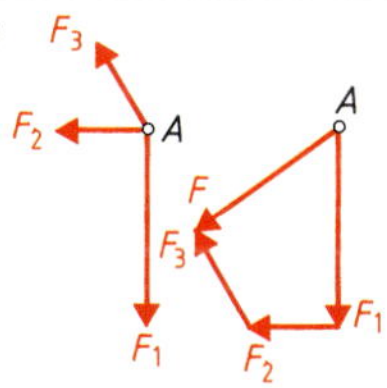	Die resultierende Kraft F mehrerer Kräfte ist die Verbindung des Angriffspunktes A mit dem Endpunkt der letzten Kraft.	F_1, F_2, F_3	Einzelkräfte	in N
		F	resultierende Kraft	in N
Gewichtskraft 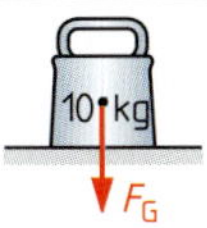	$F_G = m \cdot g$	F_G	Gewichtskraft (= Massenkraft)	in N
	$m = \frac{F_G}{g}$	g	Erd-(Fall-)beschleunigung	in $\frac{m}{s^2}$
	$g = 9{,}81\ \frac{m}{s^2}$	m	Masse	in kg
Beschleunigungskraft 	$F = m \cdot a$	F	Beschleunigungskraft	in N
	$m = \frac{F}{a}$	a	Beschleunigung	in $\frac{m}{s^2}$
	$a = \frac{F}{m}$	m	Masse	in kg
Fliehkraft; Zentrifugalkraft 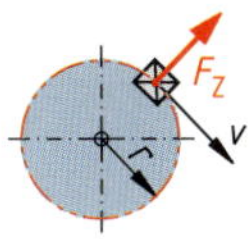	$F_Z = m \cdot r \cdot \omega^2$	F_Z	Zentrifugalkraft	in N
	$F_Z = \frac{m \cdot v^2}{r}$	m	Masse	in kg
	$m = \frac{F_Z \cdot r}{v^2}$	r	Radius	in m
	$v = \sqrt{\frac{F_Z \cdot r}{m}}$	v	Umfangsgeschwindigkeit	in $\frac{m}{s}$
	$r = \frac{m \cdot v^2}{F_Z}$	ω	Winkelgeschwindigkeit	in $\frac{1}{min}$
Drehmoment 	$M = F \cdot r$	M	Drehmoment	in N·m
	$F = \frac{M}{r}$	F	Umfangskraft	in N
	$r = \frac{M}{F}$	r	Hebelarm = senkrechter Abstand zwischen Umfangskraft und Drehpunkt •	in mm, cm, dm
	$r = \frac{d}{2}$			

Kräfte

	Formel	Formelzeichen	Erklärung weitere Einheiten siehe S. 2

Reibung

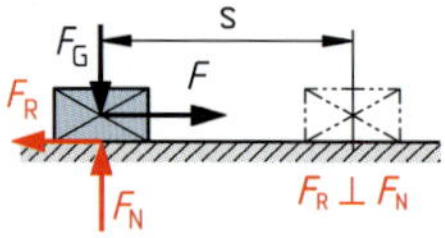

$F < F_R$ Haftreibung
$F_R = F_N \cdot \mu_0$
$F > F_R$ Gleitreibung
$F_R = F_N \cdot \mu_G$

Formel

$F_R = F_N \cdot \mu$

$F_N = \frac{F_R}{\mu}$

$\mu = \tan\varrho$

$W_R = F_R \cdot s$

$F_R = \frac{W_R}{s}$

$s = \frac{W_R}{F_R}$

$P_R = \frac{W_R}{t}$

$W_R = P_R \cdot t$

$t = \frac{W_R}{P_R}$

$P_R = \frac{F_R \cdot s}{t}$

$F_R = \frac{P_R \cdot t}{s}$

$s = \frac{P_R \cdot t}{F_R}$ $\quad t = \frac{F_R \cdot s}{P_R}$

Formelzeichen	Erklärung	
F_R	Reibkraft	in N
F_N	Normalkraft	in N
μ	Reibbeiwert, Reibfaktor	–
ϱ	Reibwinkel	in °
W_R	Reibarbeit	in N·m
s	Reibweg	in m
P_R	Reibleistung	in W
t	Zeit	in s

Werkstoffe \ Reibfaktor	Haftreibung μ_G trocken	Haftreibung μ_G gefettet	Gleitreibung μ_G trocken	Gleitreibung μ_G gefettet	Rollreibung
St–St	0,15	0,10	0,10	0,01	0,005
St–GG, CuSn–Leg.	0,18	0,10	0,16	0,01	–
Holz–Holz	0,50	0,16	0,30	0,08	–
Bremsbelag–St	–	–	0,50	0,40	–
Gummi–Asphalt	0,70	0,45	0,50	0,30	0,015

Mechanik

	Formel	Formelzeichen	Erklärung weitere Einheiten siehe S. 2

Hebelgesetz

$\sum M\circlearrowright = \sum M\circlearrowleft$

Einarmiger Hebel

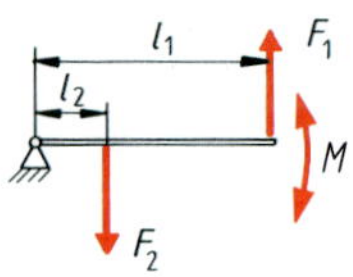

$F_1 \cdot l_1 = F_2 \cdot l_2$

$F_1 = \frac{F_2 \cdot l_2}{l_1}$ $\quad F_2 = \frac{F_1 \cdot l_1}{l_2}$

$l_1 = \frac{F_2 \cdot l_2}{F_1}$ $\quad l_2 = \frac{F_1 \cdot l_1}{F_2}$

Zweiarmiger Hebel

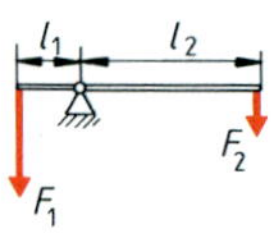

$F_1 \cdot l_1 = F_2 \cdot l_2$

$F_1 = \frac{F_2 \cdot l_2}{l_1}$ $\quad F_2 = \frac{F_1 \cdot l_1}{l_2}$

$l_1 = \frac{F_2 \cdot l_2}{F_1}$ $\quad l_2 = \frac{F_1 \cdot l_1}{F_2}$

Winkelhebel

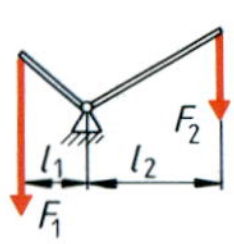

$F_1 \cdot l_1 = F_2 \cdot l_2$

$F_1 = \frac{F_2 \cdot l_2}{l_1}$ $\quad F_2 = \frac{F_1 \cdot l_1}{l_2}$

$l_1 = \frac{F_2 \cdot l_2}{F_1}$ $\quad l_2 = \frac{F_1 \cdot l_1}{F_2}$

Mehrfacher Hebel

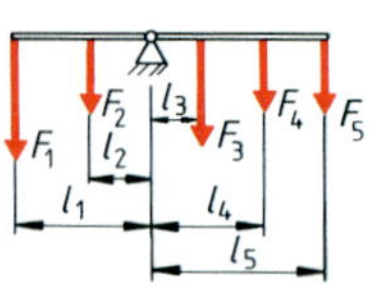

$F_1 \cdot l_1 + F_2 \cdot l_2 = F_3 \cdot l_3 + F_4 \cdot l_4 + F_5 \cdot l_5$

$F_1 = \frac{F_3 \cdot l_3 + F_4 \cdot l_4 + F_5 \cdot l_5 - F_2 \cdot l_2}{l_1}$

$l_1 = \frac{F_3 \cdot l_3 + F_4 \cdot l_4 + F_5 \cdot l_5 - F_2 \cdot l_2}{F_1}$

$F_2 = \frac{F_3 \cdot l_3 + F_4 \cdot l_4 + F_5 \cdot l_5 - F_1 \cdot l_1}{l_2}$

$l_2 = \frac{F_3 \cdot l_3 + F_4 \cdot l_4 + F_5 \cdot l_5 - F_1 \cdot l_1}{F_2}$

$F_3 = \frac{F_1 \cdot l_1 + F_2 \cdot l_2 - F_4 \cdot l_4 - F_5 \cdot l_5}{l_3}$

$l_3 = \frac{F_1 \cdot l_1 + F_2 \cdot l_2 - F_4 \cdot l_4 - F_5 \cdot l_5}{F_3}$

$F_4 = \frac{F_1 \cdot l_1 + F_2 \cdot l_2 - F_3 \cdot l_3 - F_5 \cdot l_5}{l_4}$

$l_4 = \frac{F_1 \cdot l_1 + F_2 \cdot l_2 - F_3 \cdot l_3 - F_5 \cdot l_5}{F_4}$

Formelzeichen	Erklärung	
$F_1 \ldots F_5$	Kräfte	in N, kN
$l_1 \ldots l_5$	Hebelarm = Länge des Lotes vom Drehpunkt auf die Wirkungslinie der Kraft	in mm, cm, dm, m
$\sum M$	Summe aller Momente	in N·m
$\sum M\circlearrowright$	Summe aller rechtsdrehenden Momente	in N·m
$\sum M\circlearrowleft$	Summe aller linksdrehenden Momente	in N·m

	Formel	Formelzeichen	Erklärung weitere Einheiten siehe S. 2
Geneigte (schiefe) Ebene 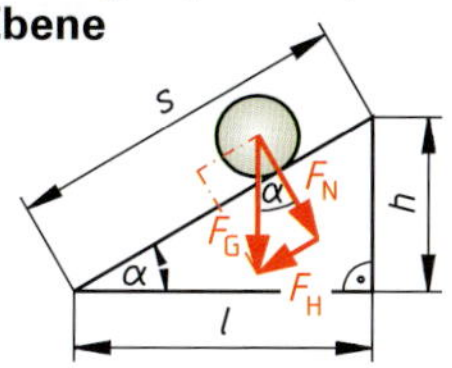 	$\frac{F_H}{F_G} = \frac{h}{s}$ $\quad \frac{F_N}{F_G} = \frac{l}{s}$ $F_H = \frac{h}{s} \cdot F_G$ $\quad F_N = \frac{l}{s} \cdot F_G$ $F_G = \frac{s}{h} \cdot F_H$ $\quad F_G = \frac{s}{l} \cdot F_N$ $h = \frac{F_H}{F_G} \cdot s$ $\quad l = \frac{F_N}{F_G} \cdot s$ $s = \frac{F_G}{F_H} \cdot h$ $\quad s = \frac{F_G}{F_N} \cdot l$ $F_H = F_G \cdot \sin\alpha$ $F_N = F_G \cdot \cos\alpha$	F_H F_N F_G l h s	Hangabtriebskraft in N Normalkraft in N Gewichtskraft in N horizontale Länge in mm, cm, dm, m Höhenunterschied in mm, cm, dm, m Weg in mm, cm, dm, m
Lose Rolle 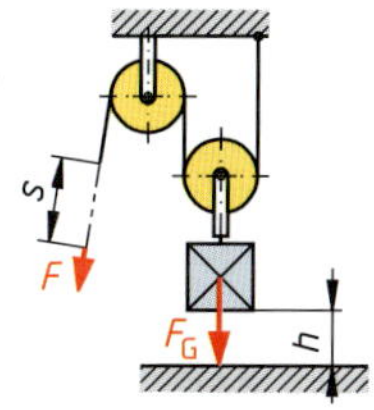 	$F_G \cdot h = F \cdot s$ $\quad s = 2 \cdot h$ $F_G = \frac{s}{h} \cdot F$ $\quad h = \frac{1}{2} \cdot s$ $h = \frac{F}{F_G} \cdot s$ $\quad F = \frac{F_G}{2}$ $F = \frac{h}{s} \cdot F_G$ $s = \frac{F_G}{F} \cdot h$	F F_G h s	Seilkraft in N Gewichtskraft in N Hubweg in mm, cm, dm, m Kraftweg in mm, cm, dm, m
Flaschenzug 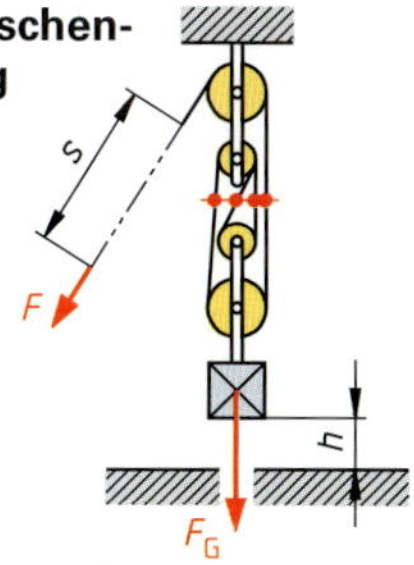 	$F = \frac{F_G}{n}$ $\quad F_G \cdot h = F \cdot s$ $F_G = F \cdot n$ $\quad F_G = \frac{s}{h} \cdot F$ $h = \frac{s}{n}$ $\quad h = \frac{F}{F_G} \cdot s$ $s = h \cdot n$ $\quad F = \frac{h}{s} \cdot F_G$ $s = \frac{F_G}{F} \cdot h$	F F_G n h s	Seilkraft in N Gewichtskraft in N Zahl der tragenden Seile – (rote Punkte, hier z. B. 4) Hubweg in mm, cm, dm, m Kraftweg in mm, cm, dm, m
Winde 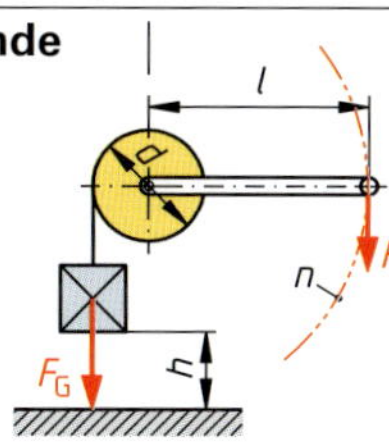 	$F \cdot l = F_G \cdot \frac{d}{2}$ $\quad h = d \cdot \pi \cdot n$ $F = \frac{d}{2 \cdot l} \cdot F_G$ $\quad d = \frac{h}{\pi \cdot n}$ $l = \frac{F_G}{2 \cdot F} \cdot d$ $\quad n = \frac{h}{\pi \cdot d}$ $F_G = \frac{2 \cdot l}{d} \cdot F$ $d = \frac{2 \cdot F}{F_G} \cdot l$ $2 \cdot F \cdot l \cdot \pi \cdot n = F_G \cdot h$ $F = \frac{h}{2 \cdot \pi \cdot l \cdot n} \cdot F_G$ $l = \frac{F_G}{2 \cdot \pi \cdot n \cdot F} \cdot h$ $n = \frac{F_G \cdot h}{2 \cdot \pi \cdot F \cdot l}$ $F_G = \frac{2 \cdot \pi \cdot l \cdot n}{h} \cdot F$ $h = \frac{2 \cdot \pi \cdot F \cdot n}{F_G} \cdot l$	F F_G d l h n	Kraft an der Handkurbel in N Gewichtskraft in N Seiltrommeldurchmesser in mm, cm, dm, m Hebelarm in mm, cm, dm, m Hubweg in mm, cm, dm, m Zahl der Kurbelumdrehungen –

Mechanik

Arbeit

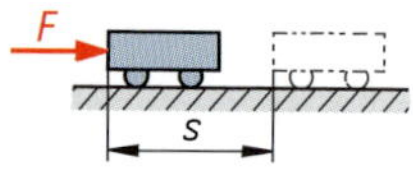

Formel	Formelzeichen	Erklärung (weitere Einheiten siehe S. 2)	
$W = F \cdot s$	W	Arbeit	in N·m
$F = \frac{W}{s}$	F	Kraft	in N
$s = \frac{W}{F}$	s	Weg	in m
		$1\ N \cdot m = 1\ J = 1\ \frac{kg \cdot m^2}{s^2}$	
		$1\ N \cdot m = 1\ W \cdot s$	

Potenzielle Energie
(Lage-Energie)

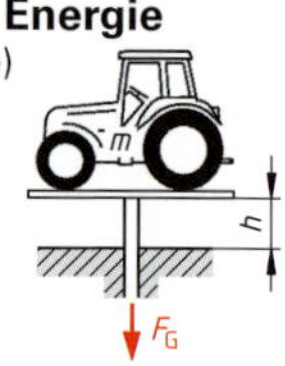

Formel	Formelzeichen	Erklärung	
$W_p = m \cdot g \cdot h$	W_p	potenzielle Energie	in N·m
$m = \frac{W_p}{g \cdot h}$	m	Masse	in kg
$h = \frac{W_p}{m \cdot g}$	h	Hubweg	in m
$F_G = m \cdot g$	g	Fallbeschleunigung	$9{,}81\ \frac{m}{s^2}$
	F_G	Gewichtskraft	in N

Kinetische Energie
(Bewegungs-Energie)

Formel	Formelzeichen	Erklärung	
$W_k = \frac{1}{2} \cdot m \cdot v^2$	W_k	kinetische Energie	in N·m
$m = \frac{2 \cdot W_k}{v^2}$	m	Masse	in kg
$v = \sqrt{\frac{2 \cdot W_k}{m}}$	v	Geschwindigkeit	in $\frac{m}{s}$

Rotationsenergie
(Bewegungs-Energie)

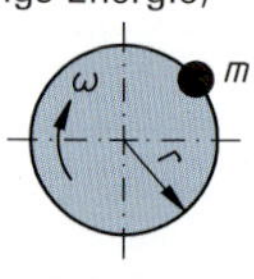

Formel	Formelzeichen	Erklärung	
$W_k = \frac{1}{2} \cdot J \cdot \omega^2$	W_k	kinetische Energie	in N·m
$J = \frac{2 \cdot W_k}{\omega^2}$	J	Massenträgheitsmoment[1]	in kg·m²
$\omega = \sqrt{\frac{2 \cdot W_k}{J}}$	ω	Winkelgeschwindigkeit	in $\frac{1}{s}$
$\omega = 2 \cdot \pi \cdot n$	n	Drehfrequenz (Drehzahl)	in $\frac{1}{s}$

Energieerhaltungssatz

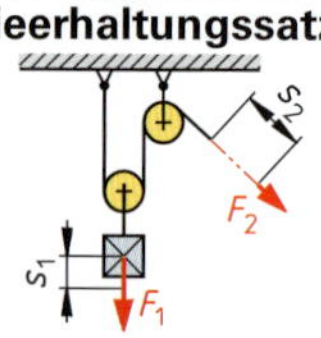

Formel	Formelzeichen	Erklärung	
$W_1 = W_2$	W_1, W_2	Arbeit	in N·m
$F_1 \cdot s_1 = F_2 \cdot s_2$	F_1, F_2	Kraft	in N
$F_1 = \frac{s_2}{s_1} \cdot F_2$ $\quad F_2 = \frac{s_1}{s_2} \cdot F_1$	s_1, s_2	Weg	in m
$s_1 = \frac{F_2}{F_1} \cdot s_2$ $\quad s_2 = \frac{F_1}{F_2} \cdot s_1$			

Wirkungsgrad

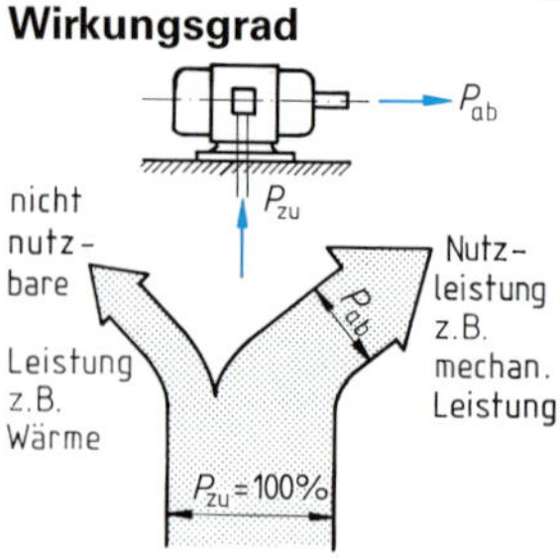

zugeführte Energie, z.B. elektrische Leistung „Sankey-Diagramm"

Formel	Formelzeichen	Erklärung	
$\eta = \frac{F_{ab}}{F_{zu}}$ $\quad \eta = \frac{P_{ab}}{P_{zu}}$	F_{ab}	abgeführte Kraft	in N, kN
$F_{zu} = \frac{F_{ab}}{\eta}$ $\quad P_{zu} = \frac{P_{ab}}{\eta}$	F_{zu}	zugeführte Kraft	in N, kN
$F_{ab} = F_{zu} \cdot \eta$ $\quad P_{ab} = P_{zu} \cdot \eta$	P_{ab}	abgegebene Leistung	in W, kW
$\eta = \frac{W_{ab}}{W_{zu}}$	P_{zu}	zugeführte Leistung	in W, kW
$W_{zu} = \frac{W_{ab}}{\eta}$	W_{ab}	abgegebene Arbeit	in N·m
$W_{ab} = W_{zu} \cdot \eta$	W_{zu}	zugeführte Arbeit	in N·m
$\eta = \eta_1 \cdot \eta_2 \cdot \eta_3 ...$	η	Gesamtwirkungsgrad	
$\eta < 1$	η_1, η_2, η_3	Teilwirkungsgrad	

Wirkungsgrade:

Elektromotor	0,8	Zahnradtrieb	0,95
Ottomotor	0,26	Schneckentrieb	0,6
Dieselmotor	0,33	Riementrieb	0,9
Dampfturbine	0,23	Hobelmaschine	0,7
Wasserturbine	0,9	Fräsmaschine	0,3
Transformator	0,98	Drehmaschine	0,7

[1]) Massenmoment 2. Grades

Mechanik

	Formel	Formelzeichen	Erklärung weitere Einheiten siehe S. 2	
Hubleistung	$P = \frac{W}{t}$	P	Leistung	in $\frac{N \cdot m}{s}$ = Watt
	$P = \frac{m \cdot g \cdot s}{t}$	W	Arbeit	in N·m = Joule
	$W = P \cdot t$	F_G	Gewichtskraft	in N
	$t = \frac{W}{P}$	s	Weg	in m
	$m = \frac{P \cdot t}{g \cdot s}$	t	Zeit	in s
	$s = \frac{P \cdot t}{m \cdot g}$	m	Masse	in kg
	$P = \frac{F_G \cdot s}{t}$	g	Fallbeschleunigung	9,81 $\frac{m}{s^2}$
	$t = \frac{m \cdot g \cdot s}{P}$	v	Hubgeschwindigkeit	in $\frac{m}{s}$
	$F_G = \frac{P \cdot t}{s}$			
	$P = F_G \cdot v$			
	$s = \frac{P \cdot t}{F_G}$			
	$F_G = \frac{P}{v}$			
	$t = \frac{F_G \cdot s}{P}$			
	$v = \frac{P}{F_G}$			

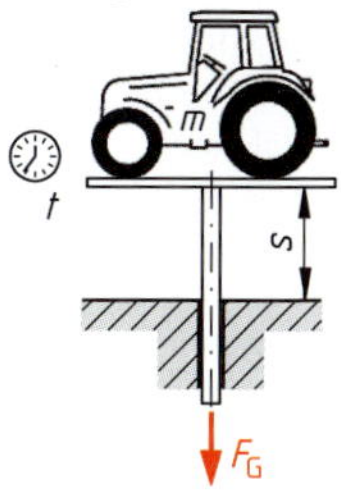

	Formel	Formelzeichen	Erklärung	
Zugleistung	$P = \frac{F \cdot v}{3600}$	P	Leistung	in kW
	$F = \frac{3600 \cdot P}{v}$	F	Zugkraft	in N
	$v = \frac{3600 \cdot P}{F}$	v	Geschwindigkeit	in $\frac{km}{h}$

	Formel	Formelzeichen	Erklärung	
Leistung bei Drehbewegung	$P = \frac{M \cdot \omega}{60000}$	P	Wellenleistung	in kW
	$P = \frac{F_u \cdot r \cdot \omega}{60000}$	ω	Winkelgeschwindigkeit	in $\frac{1}{min}$
	$P = \frac{F_u \cdot r \cdot 2 \cdot \pi \cdot n}{60000}$	F_u	Umfangskraft	in N
	$P \approx \frac{M \cdot n}{9550}$	M	Drehmoment	in N·m
	$M \approx \frac{9550 \cdot P}{n}$	r	Wirkradius von F_u	in m
	$n \approx \frac{9550 \cdot P}{M}$	n	Umdrehungsfrequenz (Drehzahl)	in $\frac{1}{min}$

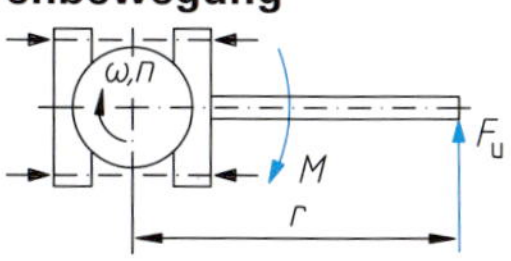

Hydraulik

	Formel	Formelzeichen	Erklärung weitere Einheiten siehe S. 2	
Pumpenleistung	$P = \frac{\dot{m} \cdot g \cdot s}{1000}$	P	Pumpenleistung, Leistung	in kW
	$\dot{m} = \frac{m}{t}$	$\dot{m}$	Massenstrom, Fördermenge	in $\frac{kg}{min}$
	$\dot{m} = \frac{1000 \cdot P}{g \cdot s}$	g	Fallbeschleunigung	9,81 $\frac{m}{s_2}$
	$m = \dot{m} \cdot t$	s	Förderhöhe	in m
	$s = \frac{1000 \cdot P}{\dot{m} \cdot g}$	$\dot{V}$	Volumenstrom	in $\frac{dm^3}{min} = \frac{l}{min}$
	$t = \frac{m}{\dot{m}}$	ϱ	Dichte	in $\frac{kg}{dm^3}$
	$P = \frac{\dot{V} \cdot \varrho \cdot g \cdot s}{1000}$	m	Masse	in kg
	$\dot{V} = \frac{V}{t}$	t	Förderzeit	in min
	$V = \dot{V} \cdot t$	Δp	Druckdifferenz	in bar
	$\dot{V} = \frac{1000 \cdot P}{\varrho \cdot g \cdot s}$		1 bar = 10 $\frac{N}{cm^2}$	–
	$t = \frac{V}{\dot{V}}$	V	Fördervolumen	in dm³ (= l)
	$s = \frac{1000 \cdot P}{\dot{V} \cdot \varrho \cdot g}$			
	$P = \frac{6 \cdot V \cdot \Delta p}{10000 \cdot t}$			
	$V = \frac{10000 \cdot P \cdot t}{6 \cdot \Delta p}$			
	$\Delta p = \frac{10000 \cdot P \cdot t}{6 \cdot V}$			
	$t = \frac{6 \cdot V \cdot \Delta p}{10000 \cdot P}$			

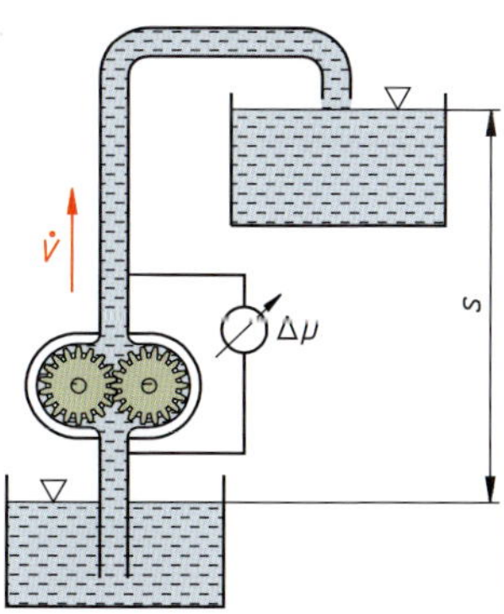

Hydraulik

	Formel	Formelzeichen	Erklärung weitere Einheiten siehe S. 2	
Auftrieb 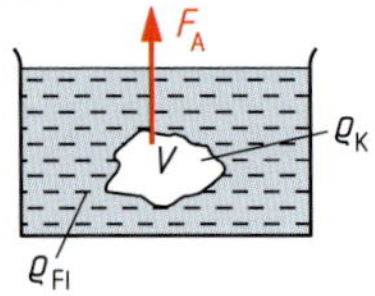	$F_A = V \cdot \varrho_{Fl} \cdot g$ $\varrho_{Fl} > \varrho_k$ Körper schwimmt $\varrho_{Fl} = \varrho_k$ Körper schwebt $\varrho_{Fl} < \varrho_k$ Körper sinkt $V = \frac{F_A}{\varrho_{Fl} \cdot g}$	F_A V ϱ_{Fl} ϱ_K g	Auftriebskraft Volumen der verdrängten Flüssigkeit Dichte der Flüssigkeit Dichte des Körpers Erdbeschleunigung	in N in m^3 in $\frac{kg}{m^3}$ in $\frac{kg}{m^3}$ 9,81 $\frac{m}{s^2}$
Druck 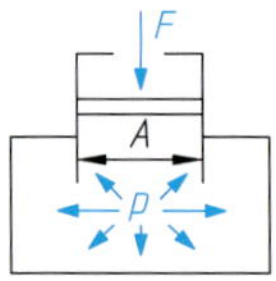	$p = \frac{F}{10 \cdot A}$ $F = 10 \cdot p \cdot A$ $A = \frac{F}{10 \cdot p}$	p F A	Druck Kraft Kraftangriffsfläche	in bar in N in cm^2
Hydrostatischer Druck 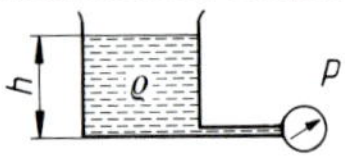	$p = \varrho \cdot g \cdot h$ $h = \frac{p}{\varrho \cdot g}$	p ϱ g h	Boden-(Seiten-)druck Dichte Erdbeschleunigung Höhe der Flüssigkeitssäule	in bar in $\frac{g}{cm^3}$ in $\frac{m}{s^2}$ in cm
Wegübersetzung 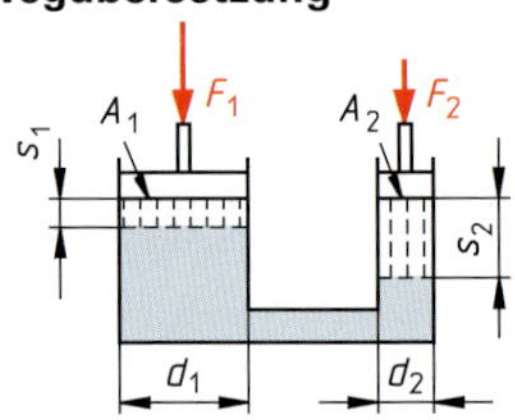	$\frac{s_1}{s_2} = \frac{A_2}{A_1}$ $s_1 = \frac{A_2}{A_1} \cdot s_2$ $s_2 = \frac{A_1}{A_2} \cdot s_1$ $A_1 = \frac{s_2}{s_1} \cdot A_2$ $A_2 = \frac{s_1}{s_2} \cdot A_1$	s_1, s_2 A_1, A_2	Kolbenweg Kolbenfläche	in cm in cm^2
Kraftübersetzung 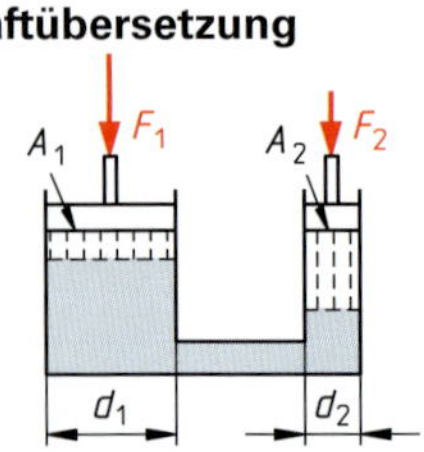	$\frac{F_1}{F_2} = \frac{A_1}{A_2}$ $F_1 = \frac{A_1}{A_2} \cdot F_2$ $F_2 = \frac{A_2}{A_1} \cdot F_1$ $A_1 = \frac{F_1}{F_2} \cdot A_2$ $A_2 = \frac{F_2}{F_1} \cdot A_1$	F_1, F_2 A_1, A_2	Kraft Kolbenfläche	in N in cm^2
Druckübersetzung 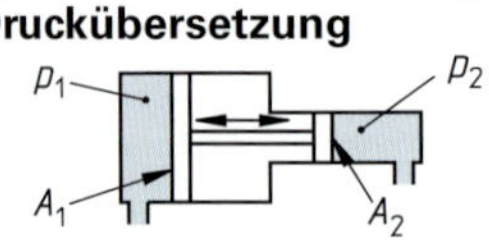	$\frac{p_2}{p_1} = \frac{A_1}{A_2}$ $p_2 = \frac{A_1}{A_2} \cdot p_1$ $p_1 = \frac{A_2}{A_1} \cdot p_2$ $A_1 = \frac{p_2}{p_1} \cdot A_2$ $A_2 = \frac{p_1}{p_2} \cdot A_1$	p_1, p_2 A_1, A_2	Druck Kolbenfläche	in bar in cm^2

Hydraulik

	Formel	Formelzeichen	Erklärung weitere Einheiten siehe S. 2	
Volumenstrom Hydraulikzylinder 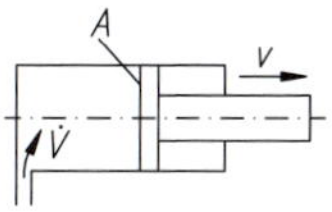	$\dot{V} = 600 \cdot v \cdot A$ $v = \frac{\dot{V}}{600 \cdot A}$ $A = \frac{\dot{V}}{600 \cdot v}$	$\dot{V}$ v A	Volumenstrom Strömungsgeschwindigkeit Querschnittsfläche	in $\frac{dm^3}{min}$ in $\frac{m}{s}$ in dm^2
Veränderung Strömungsgeschwindigkeit 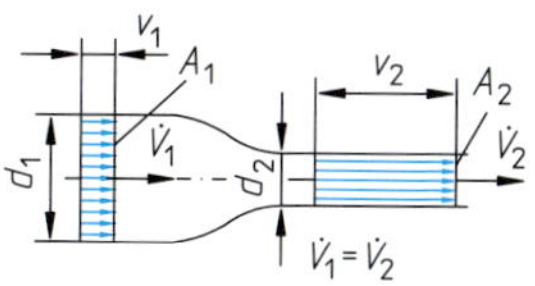	$v_1 \cdot A_1 = v_2 \cdot A_2$ $v_1 = \frac{A_2}{A_1} \cdot v_2$ $A_1 = \frac{v_2}{v_1} \cdot A_2$ $v_2 = \frac{A_1}{A_2} \cdot v_1$ $A_2 = \frac{v_1}{v_2} \cdot A_1$	v_1, v_2 A_1, A_2	Fließgeschwindigkeit Leitungsquerschnitt	in $\frac{m}{s}$ in cm^2
Volumenstrom Hydraulikpumpe, -motor 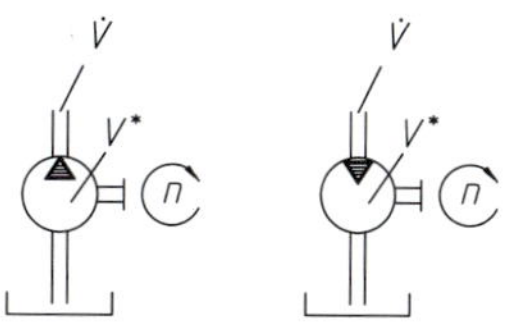	$\dot{V} = V^* \cdot n$ $V^* = \frac{\dot{V}}{n}$ $n = \frac{\dot{V}}{V^*}$	$\dot{V}$ V^* n	Volumenstrom Fördervolumen pro Umdrehung Drehzahl	in $\frac{dm^3}{min}$ in dm^3 in $\frac{1}{min}$
Dreharbeit Hydraulikpumpe, -motor 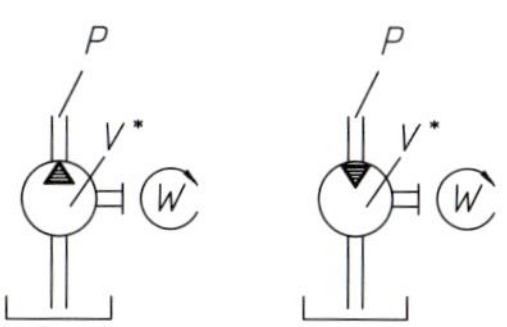	$W = \frac{V^* \cdot p}{10}$ $V^* = \frac{10 \cdot W}{p}$ $p = \frac{10 \cdot W}{V^*}$	W V^* p	Dreharbeit bei einer Umdrehung Fördervolumen pro Umdrehung Druck	in $N \cdot m$ in cm^3 in bar
Drehmoment Hydraulikpumpe, -motor 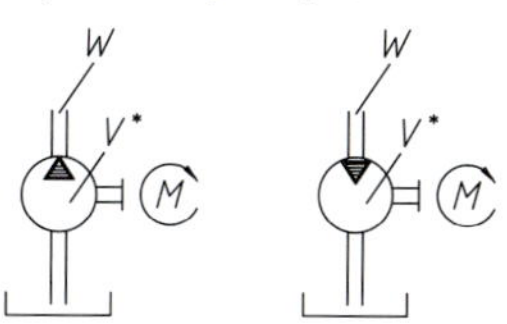	$M = \frac{W}{2 \cdot \pi}$ $W = 2 \cdot \pi \cdot M$	M W	Drehmoment Dreharbeit bei einer Umdrehung	in $N \cdot m$ in $N \cdot m$
Leistung Hydraulikpumpe, -motor 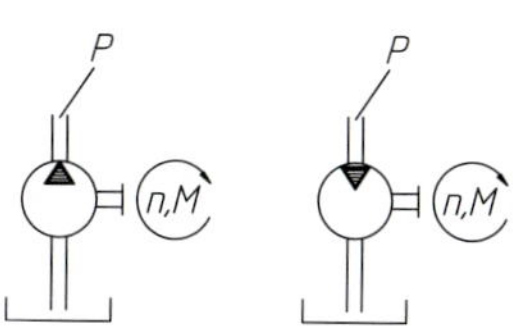	$P = \frac{2 \cdot \pi \cdot M \cdot n}{60}$ $P = \frac{W \cdot n}{60}$ $W = \frac{P \cdot 60}{n}$ $n = \frac{P \cdot 60}{W}$	P M n W	Leistung (1 kW = 1000 W) Drehmoment Drehzahl Dreharbeit bei einer Umdrehung	in W in $N \cdot m$ in $\frac{1}{min}$ in $N \cdot m$

Hydraulik

	Formel	Formelzeichen	Erklärung weitere Einheiten siehe S. 2	
Hydraulische Leistung (allgemein) 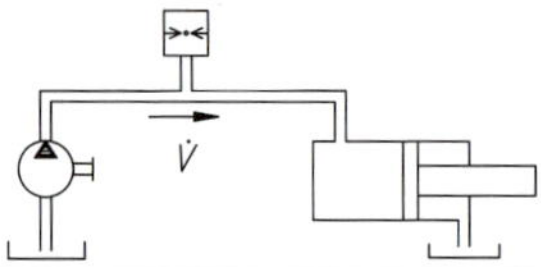	$P = \frac{p \cdot \dot{V}}{600}$ $p = \frac{600 \cdot P}{\dot{V}}$ $\dot{V} = \frac{600 \cdot P}{p}$	P p $\dot{V}$	Leistung (1 kW = 1000 W) Druck Volumenstrom	in kW in bar in $\frac{dm^3}{min}$
Wirkungsgrad 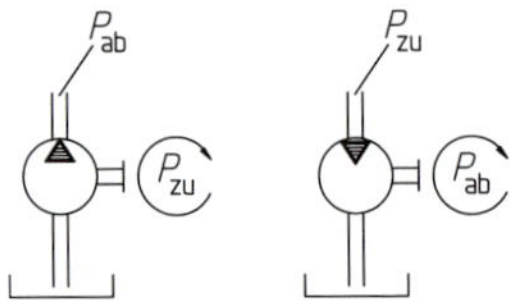	$\eta_t = \frac{P_{ab}}{P_{zu}}$ $P_{ab} = \eta_t \cdot P_{zu}$ $P_{zu} = \frac{P_{ab}}{\eta_t}$ $\eta_t = \eta_v \cdot \eta_{hm}$	P_{ab} P_{zu} η_t η_v η_{hm}	Abtriebsleistung Antriebsleistung Gesamtwirkungsgrad volumetrischer Wirkungsgrad hydraulisch-mechanischer Wirkungsgrad	in kW in kW – – –

Pneumatik

	Formel	Formelzeichen	Erklärung weitere Einheiten siehe S. 2	
Druck 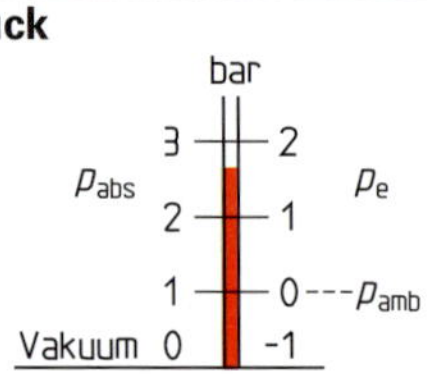	$P_e = p_{abs} - p_{amb}$	p_{abs} P_{amb} p_e	absoluter Druck (bezogen auf Vakuum) Luftdruck (Atmosphärendruck) ≈ 1bar atmosphärische Druckdifferenz $1\ bar = 100000\ \frac{N}{m^2}$; $1\ \frac{N}{m^2} = 1\ Pa$	in bar in bar in bar
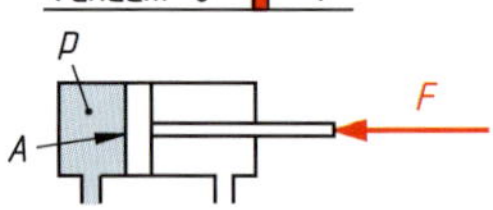	$p = \frac{F}{10 \cdot A}$ $F = 10 \cdot p \cdot A$ $A = \frac{F}{10 \cdot p}$	p F A	Druck Kolbenkraft Fläche	in bar in N in cm^2
Strömungsgeschwindigkeit in Rohren 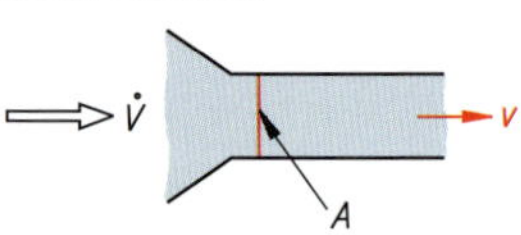	$v = \frac{\dot{V}}{600 \cdot A}$ $\dot{V} = 600 \cdot v \cdot A$ $A = \frac{\dot{V}}{600 \cdot v}$	v $\dot{V}$ A	Strömungsgeschwindigkeit Volumenstrom Rohrquerschnitt	in $\frac{m}{s}$ in $\frac{dm^3}{min}$ in dm^2
Kontinuitätsgleichung 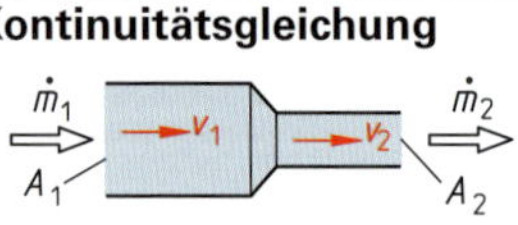	$A_1 \cdot v_1 = A_2 \cdot v_2$ $A_1 = \frac{v_2}{v_1} \cdot A_2$ $v_1 = \frac{A_2}{A_1} \cdot v_2$ $A_2 = \frac{v_1}{v_2} \cdot A_1$ $v_2 = \frac{A_1}{A_2} \cdot v_1$ $\dot{m}_1 = \dot{m}_2$ $v \perp A$	A_1, A_2 v_1, v_2 $\dot{m}_1, \dot{m}_2$	Rohrquerschnitt Strömungsgeschwindigkeit Massenstrom	in m^2 in $\frac{m}{s}$ in $\frac{kg}{s}$

Pneumatik

Gasverbrauch

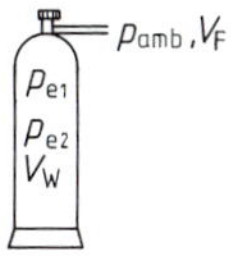

Formel	Formelzeichen	Erklärung (weitere Einheiten siehe S. 2)	
Sauerstoff	ΔV	verbrauchtes Gasvolumen	in cm^3, dm^3, m^3
$\Delta V = \frac{V_w \cdot (p_{e1} - p_{e2})}{p_{amb}}$	V_w	Flaschenvolumen (Wasservolumen)	in cm^3, dm^3, m^3
Acetylen	V_F	Füllvolumen Gas	in cm^3, dm^3, m^3
$\Delta V = \frac{V_F \cdot (p_{e1} - p_{e2})}{p_F}$	p_{amb}	Umgebungsdruck ≈ 1	in bar
	p_F	Flaschenfülldruck	in bar
	p_{e1}	Flaschendruck bei Arbeitsbeginn	in bar
	p_{e2}	Flaschendruck bei Arbeitsende	in bar

Wärmelehre

Temperatur

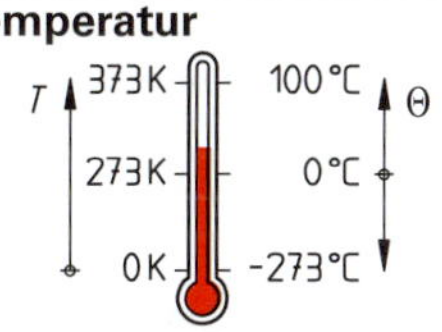

Formel	Formelzeichen	Erklärung (weitere Einheiten siehe S. 2)	
$T = \Theta + 273$	Θ	Celsius-Temperatur	in °C
$\Delta T = T_2 - T_1$	T	thermodynamische Temperatur	in K
	$\Delta T = \Delta\Theta$	Temperaturdifferenz	in K
	T_2	Endtemperatur	in K
	T_1	Anfangstemperatur	in K

Längenausdehnung

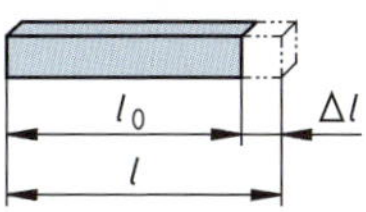

Formel	Formelzeichen	Erklärung (weitere Einheiten siehe S. 2)	
$\Delta l = \alpha \cdot l_0 \cdot \Delta T$	Δl	Längenausdehnung	in mm, cm, dm
$l_0 = \frac{\Delta l}{\alpha \cdot \Delta T}$	l_0	Länge bei Bezugstemperatur	in mm, cm, dm
$\Delta T = \frac{\Delta l}{\alpha \cdot l_0}$	α	Längenausdehnungskoeffizient	in $\frac{1}{K}$
$\Delta d = \alpha \cdot d_0 \cdot \Delta T$	l	Länge nach Temperaturänderung	in mm, cm, dm
$d_0 = \frac{\Delta d}{\alpha \cdot \Delta T}$	ΔT	Temperaturdifferenz	in K
$\Delta T = \frac{\Delta d}{\alpha \cdot d_0}$	Δd	Durchmesseränderung	in mm, cm, dm
bei Erwärmung	d_0	Durchmesser bei Bezugstemperatur	in mm, cm, dm
$l = l_0 + \Delta l$			
bei Abkühlung			
$l = l_0 - \Delta l$			

Volumenausdehnung

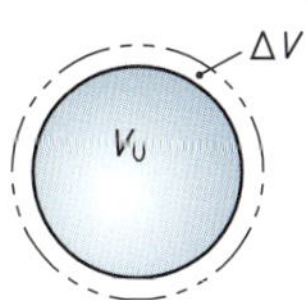

Formel	Formelzeichen	Erklärung (weitere Einheiten siehe S. 2)	
Feste Stoffe, Flüssigkeiten:	ΔV	Volumenausdehnung	in cm^3, dm^3, m^3
$\Delta V = V_0 \cdot \gamma \cdot \Delta T$	γ	Volumenausdehnungskoeffizient	in $\frac{1}{K}$
$V_0 = \frac{\Delta V}{\gamma \cdot \Delta T}$			
$\Delta T = \frac{\Delta V}{\gamma \cdot V_0}$			
$\gamma \approx 3 \cdot \alpha$			
Gase:	V_0	Volumen	in cm^3, dm^3, m^3
$\Delta V = \frac{V_0}{273} \cdot \Delta T$	ΔT	Temperaturdifferenz	in K
$V_0 = \frac{273 \cdot \Delta V}{\Delta T}$			
$\Delta T = \frac{273 \cdot \Delta V}{V_0}$			

	Formel	Formelzeichen	Erklärung weitere Einheiten siehe S. 2
Zug 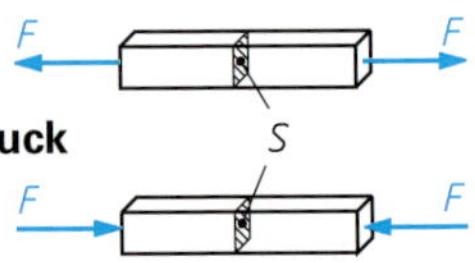 **Druck**	$\sigma = \frac{F}{S}$ $F = \sigma \cdot S$ $S = \frac{F}{\sigma}$	σ F S	Zug-(Druck-)spannung in $\frac{N}{mm^2}, \frac{N}{cm^2}, \frac{N}{dm^2}$ Zug-(Druck-)kraft in N unbelasteter Querschnitt in mm^2, cm^2, dm^2
Schub (Scherung) 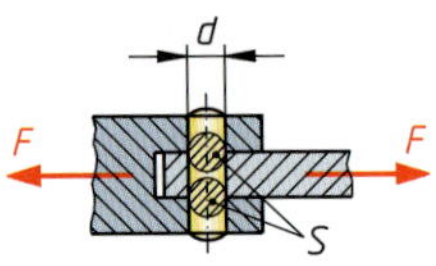	$\tau_a = \frac{F}{S}$ $F = \tau_a \cdot S$ $S = \frac{F}{\tau_a}$ $S = 2 \cdot \frac{\pi}{4} \cdot d^2$	τ_a F S	Scherspannung in $\frac{N}{mm^2}, \frac{N}{cm^2}, \frac{N}{dm^2}$ Querkraft in N gesamte Scherfläche in mm^2, cm^2, dm^2
Abscherkraft 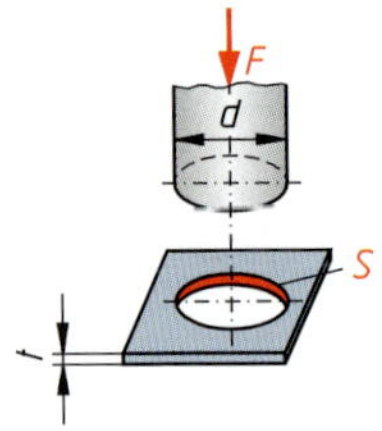	$F = S \cdot \tau_{aB}$ $S = \frac{F}{\tau_{aB}}$ $\tau_{aB} = \frac{F}{S}$ $S = \pi \cdot d \cdot t$	F S τ_{aB} t	Scherkraft in N Scherfläche = Schnittkantenlänge · Blechdicke in mm^2, cm^2, dm^2 Scherfestigkeit in $\frac{N}{mm^2}, \frac{N}{cm^2}, \frac{N}{dm^2}$ Stahl: $\tau_{aB} \approx 0{,}8 \cdot R_m$ GG: $\tau_{aB} \approx 1{,}1 \cdot R_m$ Blechdicke in mm, cm, dm
Flächenpressung[1]) 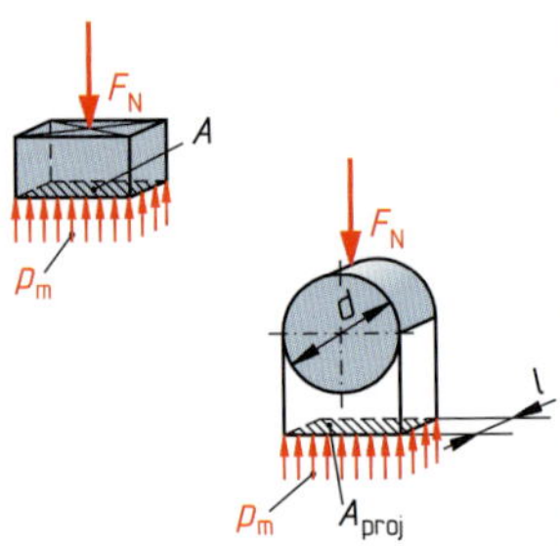	$p_m = \frac{F_N}{A}$ $F_N = p_m \cdot A$ $A = \frac{F_N}{p_m}$	p_m F_N A	Flächenpressung[1]) in $\frac{N}{mm^2}, \frac{N}{cm^2}, \frac{N}{dm^2}$ Normalkraft in N Berührungsfläche bei Zylindern $A = A_{proj} = l \cdot d$ in mm^2, cm^2, dm^2

Werkstoffpaarung	**Richtwerte für $p_{m\,zul}$ in $\frac{N}{mm^2}$** nicht gleitend	gleitend
St. gehärtet–St. gehärtet	170	15
St. gehärtet–CuSnPb	50	10
St. gehärtet–GG	80	8
St. –St	120	5
St. –AlMgSi	80	5

[1]) Diese Formel kann auch zur Berechnung der Bodenverdichtung bzw. des Bodendruckes in der Land- und Baumaschinentechnik verwendet werden.

Ohm'sches Gesetz

Formel	Formelzeichen	Erklärung weitere Einheiten siehe S. 2	
$R = \frac{U}{I}$	R	elektrischer Widerstand	in Ω
$U = R \cdot I$	U	elektrische Spannung	in V
$I = \frac{U}{R}$	I	elektrische Stromstärke	in A

Reihenschaltung von Widerständen

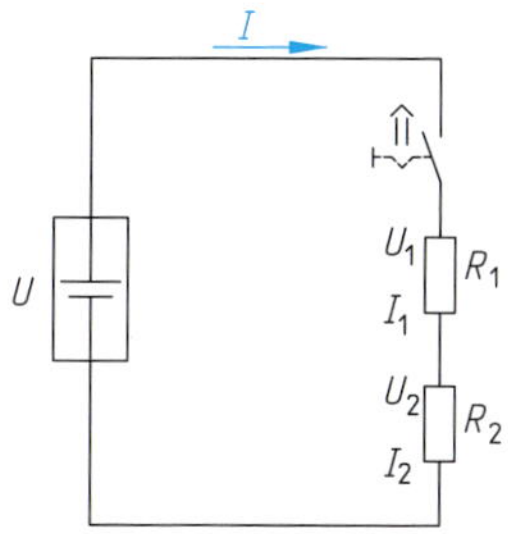

Formel	Formelzeichen	Erklärung	
$U = U_1 + U_2 ...$	U	Gesamtspannung	in V
$I = I_1 = I_2 ...$	U_1, U_2	Teilspannungen (Spannungsabfälle/-verluste)	in V
$R = R_1 + R_2 ...$	I	Gesamtstromstärke	in A
	I_1, I_2	Teilstromstärken	in A
	R	Gesamtwiderstand	in Ω
	R_1, R_2	Teilwiderstände	in Ω

Parallelschaltung von Widerständen

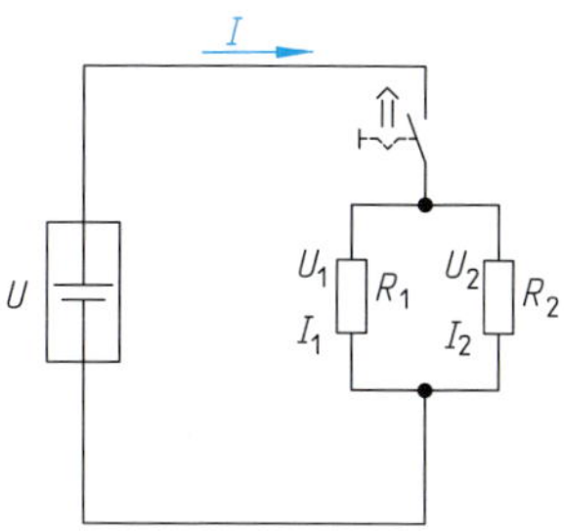

Formel	Formelzeichen	Erklärung	
$U = U_1 = U_2 = ...$	U	Gesamtspannung	in V
$I = I_1 + I_2 ...$	U_1, U_2	Teilspannungen (Spannungsabfälle/-verluste)	in V
$\frac{1}{R} = \frac{1}{R_1} + \frac{1}{R_2} ...$	I	Gesamtstromstärke	in A
$R = \frac{R_1 \cdot R_2}{R_1 + R_2}$	I_1, I_2	Teilstromstärken	in A
	R	Gesamtwiderstand	in Ω
	R_1, R_2	Teilwiderstände	in Ω

Leitungswiderstand

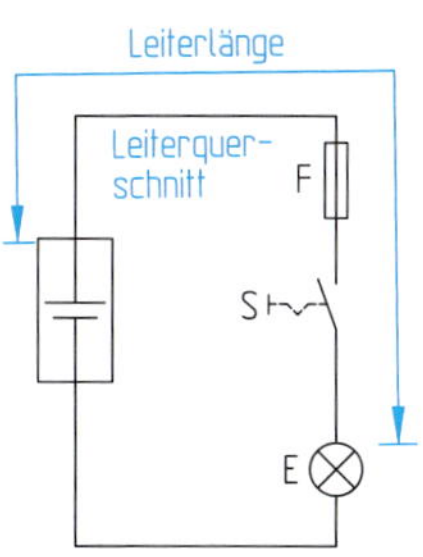

Formel	Formelzeichen	Erklärung	
$R = \frac{\varrho \cdot l}{A}$	R	elektrischer Widerstand des Leiters	in Ω
$A = \frac{\varrho \cdot l}{R}$	l	Länge des Leiters	in m
$l = \frac{R \cdot A}{\varrho}$	A	Querschnittsfläche des Leiters	in mm^2
	ϱ	spezifischer elektrischer Widerstand	in Ω·m

$1\ \Omega \cdot m = 1\,000\,000\ \frac{\Omega \cdot mm^2}{m}$

Werkstoff	spez. el. Widerstand in $\frac{\Omega \cdot mm^2}{m}$
Aluminium	0,03
Eisen	0,1
Kupfer	0,01786
Wolfram	0,055
Kohle	21...35

	Formel	Formelzeichen	Erklärung weitere Einheiten siehe S. 2
Elektrische Leistung Gleichstrom 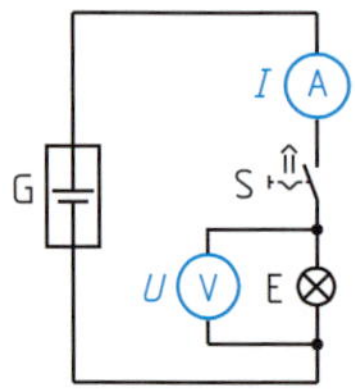	$P = U \cdot I$ $U = \frac{P}{I}$ $I = \frac{P}{U}$	P U I $\cos\varphi$	elektrische Leistung in W elektrische Spannung in V elektrische Stromstärke in A Leistungsfaktor Erfahrungswert für Elektromotoren: $\cos\varphi = 0{,}4 \ldots 0{,}8$
Wechselstrom 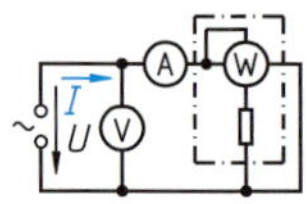	$P = U \cdot I \cdot \cos\varphi$ $U = \frac{P}{I \cdot \cos\varphi}$ $I = \frac{P}{U \cdot \cos\varphi}$		
Drehstrom in Y-Schaltung △-Schaltung 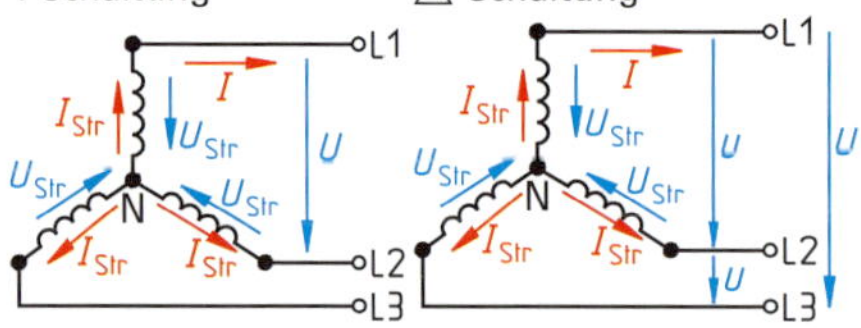	$P = \sqrt{3} \cdot U \cdot I \cdot \cos\varphi$ $U = \frac{P}{\sqrt{3} \cdot I \cdot \cos\varphi}$ $I = \frac{P}{\sqrt{3} \cdot U \cdot \cos\varphi}$		
Elektrische Arbeit 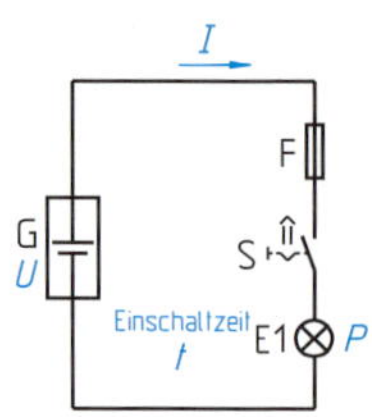	$W = P \cdot t$ $P = \frac{W}{t}$ $t = \frac{W}{P}$	W P t	elektrische Arbeit in W·s elektrische Leistung in W Zeit in s
Wirkungsgrad 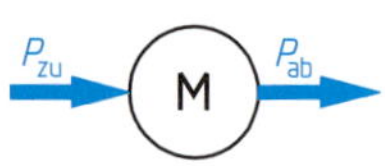	$\eta = \frac{P_{ab}}{P_{zu}}$ $P_{ab} = P_{zu} \cdot \eta$ $P_{zu} = \frac{P_{ab}}{\eta}$ $P_v = P_{zu} - P_{ab}$ η in % = $\eta \cdot 100\,\%$	η P_{ab} P_{zu} P_v	Wirkungsgrad – abgegebene Leistung in W zugeführte Leistung in W Verlustleistung in W
Batteriekapazität 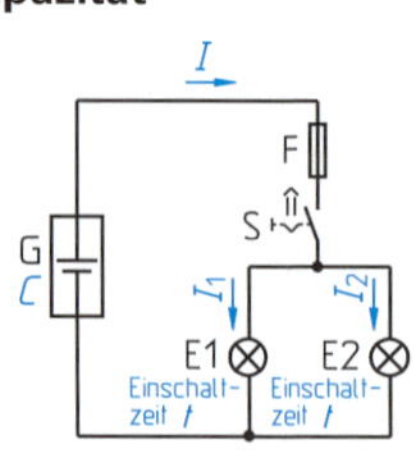	$C = I \cdot t$ $I = \frac{C}{t}$ $t = \frac{C}{I}$	C I t	Kapazität in A·h Entladestromstärke in A Entladezeit in h

Elektrik und Elektronik

	Formel	Formelzeichen	Erklärung weitere Einheiten siehe S. 2	
Transformator 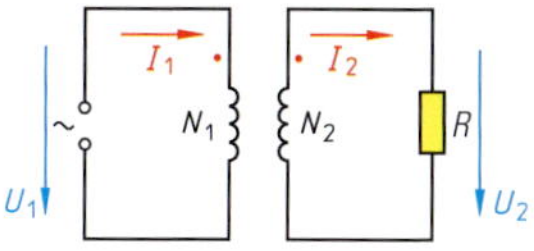	$\frac{U_1}{U_2} = \frac{N_1}{N_2}$ $\frac{I_1}{I_2} = \frac{N_2}{N_1}$	U_1	Eingangsspannung	in V
	$U_1 = \frac{N_1}{N_2} \cdot U_2$ $I_1 = \frac{N_2}{N_1} \cdot I_2$	U_2	Ausgangsspannung	in V
	$U_2 = \frac{N_2}{N_1} \cdot U_1$ $I_2 = \frac{N_1}{N_2} \cdot I_1$	I_1	Eingangsstromstärke	in A
	$N_1 = \frac{U_1}{U_2} \cdot N_2$ $N_1 = \frac{I_2}{I_1} \cdot N_2$	I_2	Ausgangsstromstärke	in A
	$N_2 = \frac{U_2}{U_1} \cdot N_1$ $N_2 = \frac{I_1}{I_2} \cdot N_1$	i	Übersetzungsverhältnis	
		N_1, N_2	Windungszahlen	
		$i = \frac{N_1}{N_2}$	$N_1 = i \cdot N_2$	$N_2 = \frac{N_1}{i}$

Verbrennungsmotor (Hubkolbenmotor)

	Formel	Formelzeichen	Erklärung weitere Einheiten siehe S. 2	
Hubraum 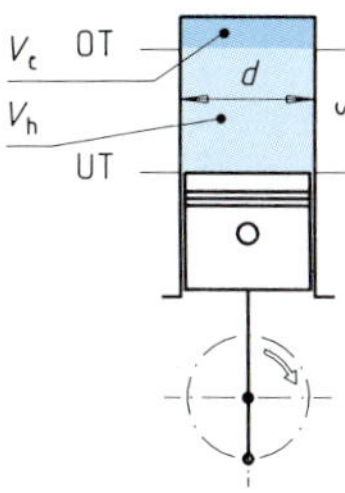	$V_h = \frac{d^2 \cdot \pi}{4} \cdot s$	V_h	Hubraum eines Zylinders	in mm³, cm³, dm³
	$s = \frac{4}{d^2 \cdot \pi} \cdot V_h$	V_H	Gesamthubraum	in mm³, cm³, dm³
	$d = \sqrt{\frac{4}{s \cdot \pi} \cdot V_h}$	d	Durchmesser der Bohrung	in mm, cm, dm
	$V_H = V_h \cdot z$	s	Hub	in mm, cm, dm
	$V_h = \frac{V_H}{z}$ $z = \frac{V_H}{V_h}$	z	Anzahl der Zylinder	–
Hub-(Bohrungs-) Verhältnis 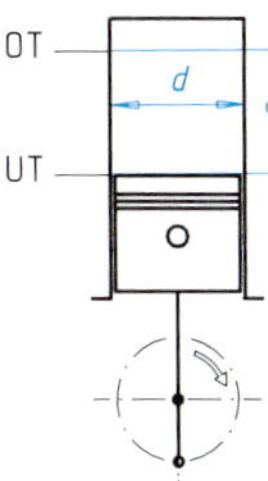	$k = \frac{s}{d}$	d	Durchmesser der Bohrung	in mm, cm, dm
	$s = k \cdot d$	s	Hub	in mm, cm, dm
	$d = \frac{s}{k}$	k	Hub-(Bohrungs-)Verhältnis	
			Hinweis: Hubverhältnis < 1: Kurzhubmotor (Kurzhuber) Hubverhältnis = 1: Quadrathubmotor (Quadrathuber) Hubverhältnis > 1: Langhubmotor (Langhuber)	
Verdichtungsverhältnis 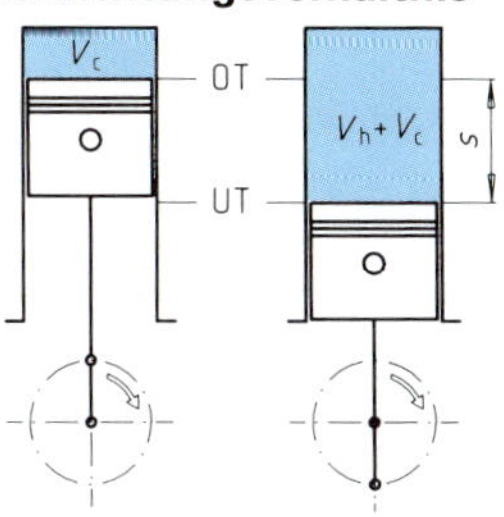	$\varepsilon = \frac{V_h + V_c}{V_c}$	ε	Verdichtungsverhältnis	–
	$V_c = \frac{V_h}{\varepsilon - 1}$	V_h	Hubraum eines Zylinders	in mm³, cm³, dm³
	$V_h = V_c \cdot (\varepsilon - 1)$	V_c	Verdichtungsraum	in mm³, cm³, dm³

	Formel	Formelzeichen	Erklärung weitere Einheiten siehe S. 2

Gasdruck im Zylinder

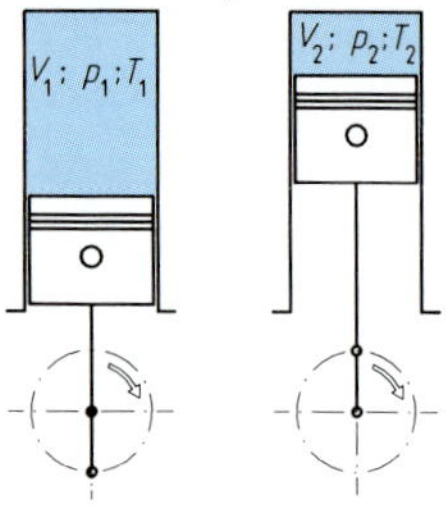

$$\frac{p_1 \cdot V_1}{T_1} = \frac{p_2 \cdot V_2}{T_2}$$

$$p_1 = \frac{V_2 \cdot T_1}{V_1 \cdot T_2} \cdot p_2$$

$$V_1 = \frac{p_2 \cdot T_1}{p_1 \cdot T_2} \cdot V_2$$

$$T_1 = \frac{p_1 \cdot V_1}{p_2 \cdot V_2} \cdot T_2$$

$$p_2 = \frac{V_1 \cdot T_2}{V_2 \cdot T_1} \cdot p_1$$

$$V_2 = \frac{p_1 \cdot T_2}{p_2 \cdot T_1} \cdot V_1$$

$$T_2 = \frac{p_2 \cdot V_2}{p_1 \cdot V_1} \cdot T_1$$

Formelzeichen	Erklärung	Einheit
p_1	absoluter Druck vor dem Verdichten	in bar
p_2	absoluter Druck nach dem Verdichten	in bar
V_1	Volumen vor dem Verdichten	in mm^3, cm^3, dm^3
V_2	Volumen nach dem Verdichten	in mm^3, cm^3, dm^3
T_1	Temperatur vor dem Verdichten	in K
T_2	Temperatur nach dem Verdichten	in K

Kolbenkraft

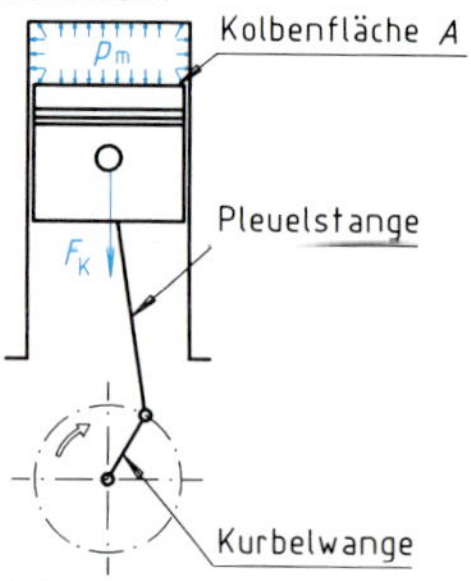

$$F_K = 10 \cdot p_m \cdot A$$

$$p_m = \frac{F_K}{10 \cdot A}$$

$$A = \frac{F_K}{10 \cdot p_m}$$

Formelzeichen	Erklärung	Einheit
F_k	Kolbenkraft	in N
p_m	Druck (= mittlerer Verbrennungsdruck) $\left(1 \text{ bar} = 1 \frac{\text{daN}}{\text{cm}^2} = 10 \frac{\text{N}}{\text{cm}^2}\right)$	in bar
A	Fläche des Kolbenbodens	cm^2

Kolbengeschwindigkeit

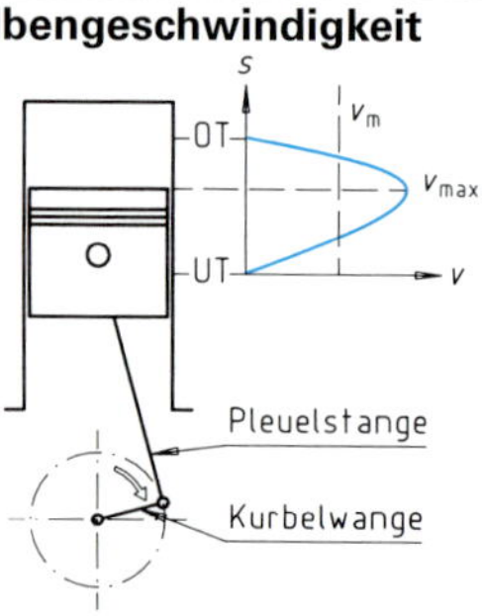

$$v_m = \frac{2 \cdot s \cdot n}{60} = \frac{s \cdot n}{30}$$

$$s = \frac{30 \cdot v_m}{n}$$

$$n = \frac{30 \cdot v_m}{s}$$

Formelzeichen	Erklärung	Einheit
v_m	mittlere Kolbengeschwindigkeit	$\frac{\text{m}}{\text{s}}$
s	Hub	in m
n	Drehzahl (Umdrehungsfrequenz)	in $\frac{1}{\text{min}}$

Bogenmaß – Steuerzeit

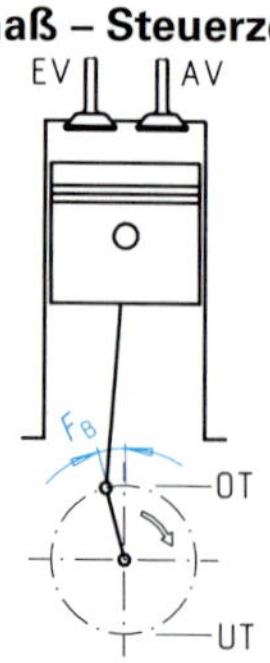

$$l_b = \frac{d \cdot \pi \cdot \alpha}{360°}$$

$$d = \frac{l_b \cdot 360°}{\pi \cdot \alpha}$$

$$\alpha = \frac{l_b \cdot 360°}{\pi \cdot d}$$

Formelzeichen	Erklärung	Einheit
l_b	Bogenlänge	in mm, cm
d	Durchmesser der Schwungscheibe, Riemenscheibe	in mm, cm
α	Öffnungs- oder Schließwinkel der Ventile, Förderbeginn der Einspritzpumpe	in °KW

	Formel	Formelzeichen	Erklärung weitere Einheiten siehe S. 2
Ventilöffnungszeit 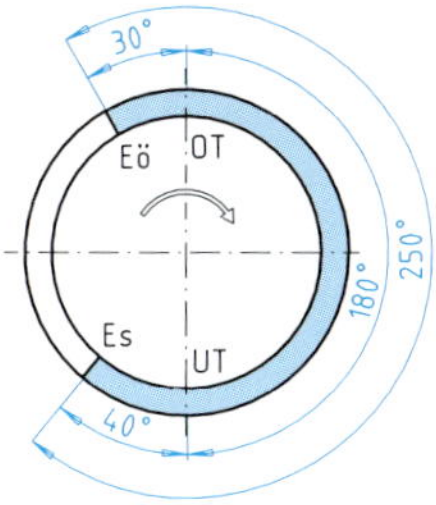	$t = \frac{60 \cdot \alpha}{n \cdot 360°}$ $\alpha = \frac{t \cdot n \cdot 360°}{60}$ $n = \frac{60 \cdot \alpha}{t \cdot 360°}$	α n t	Öffnungswinkel der Ventile in °KW Motordrehzahl (-umdrehungsfrequenz) in $\frac{1}{\text{min}}$ Ventilöffnungszeit in s
Längenzunahme der Ventile 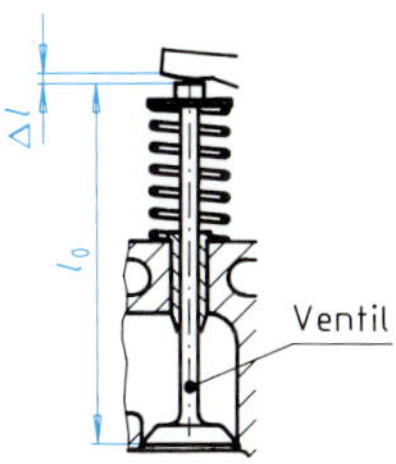	$\Delta l = l_0 \cdot \alpha_1 \cdot \Delta T$ $l_0 = \frac{\Delta l}{\alpha_1 \cdot \Delta T}$ $\Delta T = \frac{\Delta l}{\alpha_1 \cdot l_0}$	Δl l_0 α_1 ΔT	Längenzunahme in mm Länge bei Bezugstemperatur (meist 20 °C) in mm Längenausdehnungskoeffizient(-zahl) in $\frac{1}{K}$ Temperaturdifferenz in K
Effektive Motorleistung 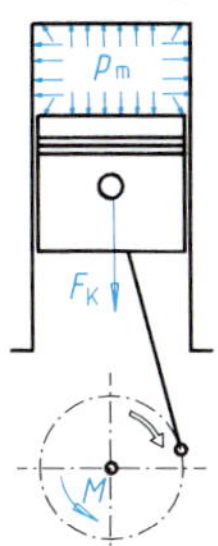	$P_{eff} = \frac{M \cdot 2 \cdot \pi \cdot n}{1000 \cdot 60} \approx \frac{M \cdot n}{9550}$ $M \approx \frac{9550 \cdot P_{eff}}{n}$ $n \approx \frac{9550 \cdot P_{eff}}{M}$	P_{eff} M n	effektive Motorleistung in kW (1 kW = 1000 W) Drehmoment in N·m Drehzahl (Umdrehungsfrequenz) in $\frac{1}{\text{min}}$
Indizierte Motorleistung 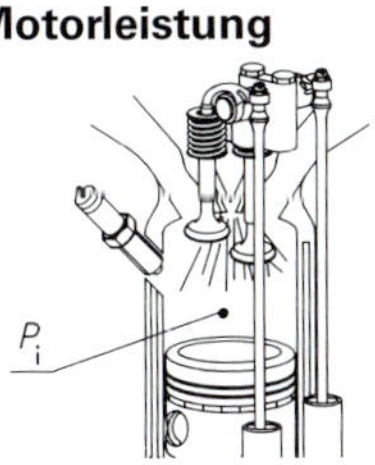	$P_i = \frac{A \cdot s \cdot z \cdot p_m \cdot n}{2 \cdot 600\,000}$ $P_i = \frac{V_H \cdot p_m \cdot n}{2 \cdot 600\,000}$ $A = \frac{2 \cdot 600\,000 \cdot P_i}{s \cdot z \cdot p_m \cdot n}$ $V_H = \frac{2 \cdot 600\,000 \cdot P_i}{p_m \cdot n}$ $s = \frac{2 \cdot 600\,000 \cdot P_i}{A \cdot z \cdot p_m \cdot n}$ $p_m = \frac{2 \cdot 600\,000 \cdot P_i}{V_H \cdot n}$ $z = \frac{2 \cdot 600\,000 \cdot P_i}{A \cdot s \cdot p_m \cdot n}$ $n = \frac{2 \cdot 600\,000 \cdot P_i}{V_H \cdot p_m}$ $p_m = \frac{2 \cdot 600\,000 \cdot P_i}{A \cdot s \cdot z \cdot n}$ $n = \frac{2 \cdot 600\,000 \cdot P_i}{A \cdot s \cdot z \cdot p_m}$	P_i A s z p_m n 2 V_H	indizierte Motorleistung in kW (1 kW = 1000 W) Kolbenfläche in cm^2 Hub in cm Zylinderzahl – mittlerer Arbeitsdruck in bar $\left(1 \text{ bar} = 100\,000 \frac{N}{m^2}, 1 \frac{N}{m^2} = 1 \text{ Pa}\right)$ Drehzahl (Umdrehungsfrequenz) in $\frac{1}{\text{min}}$ Umrechnungszahl für Viertaktmotor, bei einem Zweitaktmotor entfällt diese Zahl Gesamthubraum in cm^3

Verbrennungsmotor (Hubkolbenmotor)

	Formel	Formelzeichen	Erklärung weitere Einheiten siehe S. 2
Reibleistung 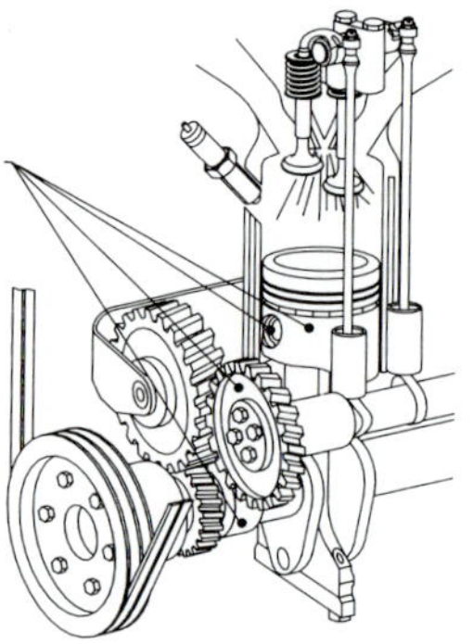	$P_R = P_i - P_{eff}$ $P_i = P_R + P_{eff}$ $P_{eff} = P_i - P_R$	P_R P_i P_{eff}	Reibleistung in kW indizierte Motorleistung in kW effektive Motorleistung in kW
Mechanischer Wirkungsgrad 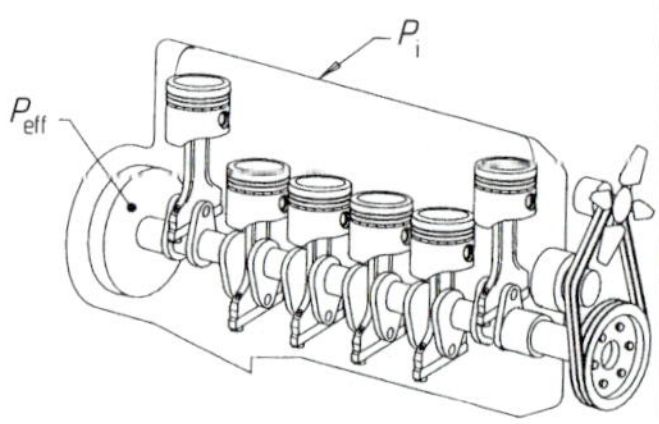	$\eta = \frac{P_{eff}}{P_i}$ η in % = $\eta \cdot 100\,\%$ $P_i = \frac{P_{eff}}{\eta}$ $P_{eff} = P_i \cdot \eta$	P_i P_{eff} η	indizierte Motorleistung in kW effektive Motorleistung in kW mechanischer Wirkungsgrad –
Drehmomentanstieg 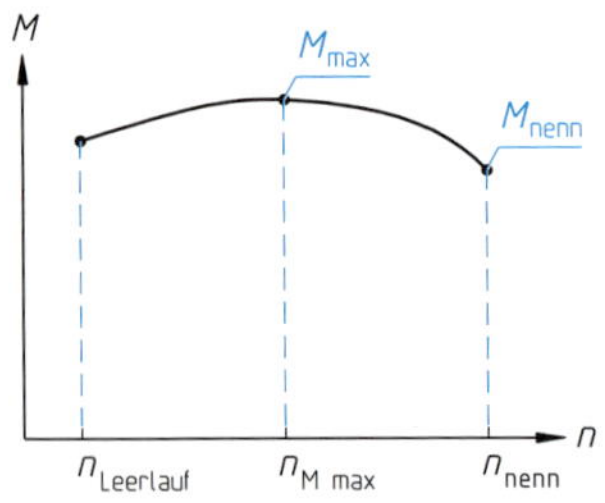	$M_{anstieg} = \frac{100\,\% \cdot M_{max}}{M_{nenn}} - 100\,\%$ $M_{max} = \frac{M_{anstieg} + 100\,\%}{100\,\%} \cdot M_{nenn}$ $M_{nenn} = \frac{100\,\% \cdot M_{max}}{M_{anstieg} + 100\,\%}$ Hinweis: Zur Berechnung von M_{nenn} mithilfe der Nennleistung und der Drehzahl siehe „effektive Motorleistung", Seite 29.	$M_{anstieg}$ M_{max} M_{nenn}	Drehmomentanstieg in % maximales Drehmoment in N·m Drehmoment bei Nenndrehzahl in N·m
Kraftstoffverbrauch (AdBlue-Verbrauch) 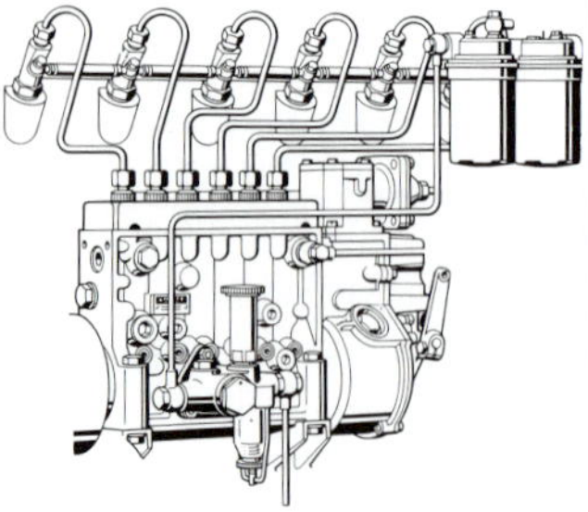	$B = \frac{V \cdot \varrho}{t}$ $V = \frac{B \cdot t}{\varrho}$ $t = \frac{V \cdot \varrho}{B}$ Hinweis: Diese Formeln können auch zur Berechnung des **AdBlue-Verbrauches** verwendet werden.	B V ϱ t	Kraftstoffverbrauch in $\frac{g}{h}$ Kraftstoffvolumen in cm^3 Dichte des Kraftstoffes in $\frac{g}{cm^3}$ Zeit in h

Verbrennungsmotor (Hubkolbenmotor)

Spezifischer Kraftstoffverbrauch

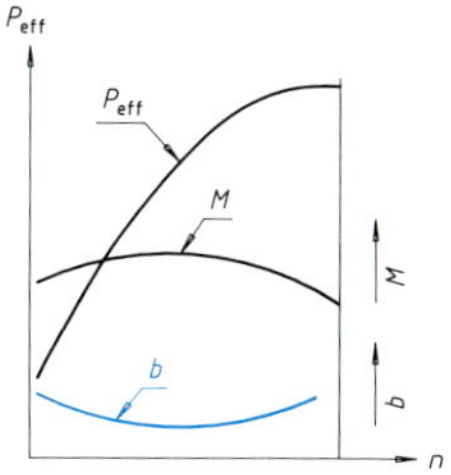

Formel

$$b = \frac{B}{P_{eff}}$$

$$B = b \cdot P_{eff}$$

Formelzeichen	Erklärung weitere Einheiten siehe S. 2	
b	spezifischer Kraftstoffverbrauch	in $\frac{g}{kW \cdot h}$
B	Kraftstoffverbrauch	in $\frac{g}{h}$
P_{eff}	effektive Motorleistung	in kW

Triebwerk

Drehmoment Kupplung

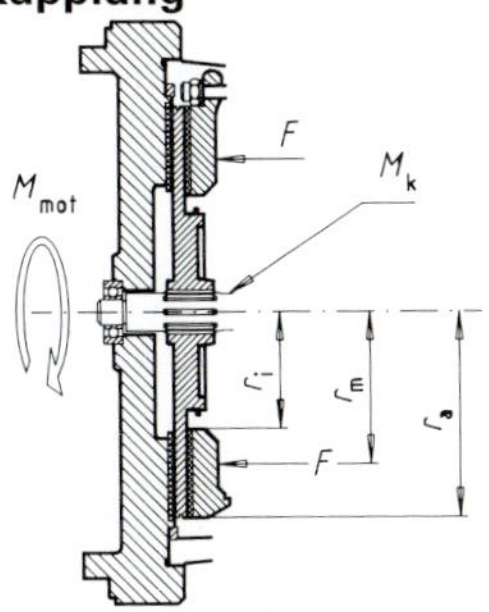

Formel

$$M_{kzul} = \frac{F \cdot r_m \cdot \mu \cdot z}{1000}$$

$$F = \frac{M_{kzul} \cdot 1000}{r_m \cdot \mu \cdot z}$$

$$r_m = \frac{M_{kzul} \cdot 1000}{F \cdot \mu \cdot z}$$

$$M_k = S \cdot M_{mot}$$

$$M_{kzul} \geq M_k$$

$$r_m = \frac{2 \cdot (r_a^3 - r_i^3)}{3 \cdot (r_a^2 - r_i^2)}$$

Formelzeichen	Erklärung weitere Einheiten siehe S. 2	
M_k	Drehmoment, das von der Kupplung übertragen wird	in N · m
M_{kzul}	maximal übertragbares Drehmoment der Kupplung	in N · m
M_{mot}	Motordrehmoment	in N · m
F	Anpresskraft der Druckplatte	in N
r_m	mittlerer Reibradius	in mm
r_a	äußerer Radius der Reibbeläge	in mm
r_i	innerer Radius der Reibbeläge	in mm
μ	Reibwert der Kupplungsbeläge organische Beläge μ = 0,27...0,3 Sintermetall-Beläge μ = 0,37...0,4	–
z	Anzahl der Reibflächen (1 Scheibe: z = 2)	–
S	Sicherheitsfaktor (üblicher Wert: S = 1,3...2)	–

Riemen- und Kettentriebe

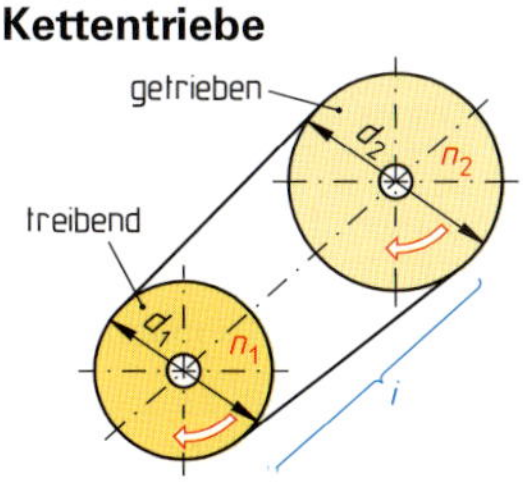

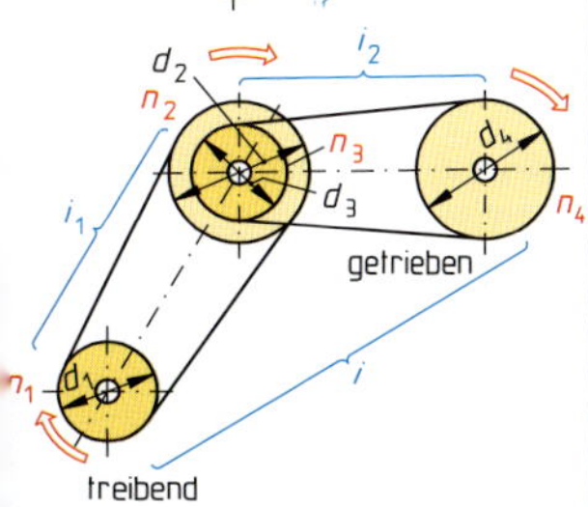

Formel

Einfache Übersetzung:

$$d_1 \cdot n_1 = d_2 \cdot n_2$$

$$d_1 = \frac{n_2}{n_1} \cdot d_2$$

$$n_1 = \frac{d_2}{d_1} \cdot n_2$$

$$d_2 = \frac{n_1}{n_2} \cdot d_1$$

$$n_2 = \frac{d_1}{d_2} \cdot n_1$$

$$i = \frac{d_2}{d_1}$$

$$d_1 = \frac{d_2}{i}$$

$$d_2 = i \cdot d_1$$

$$i = \frac{n_1}{n_2}$$

$$n_1 = i \cdot n_2$$

$$n_2 = \frac{n_1}{i}$$

Doppelte Übersetzung:

$$i = \frac{d_2 \cdot d_4}{d_1 \cdot d_3}$$

$$d_1 = \frac{d_2 \cdot d_4}{i \cdot d_3}$$

$$d_2 = \frac{i \cdot d_1 \cdot d_3}{d_4}$$

$$d_3 = \frac{d_2 \cdot d_4}{i \cdot d_1}$$

$$d_4 = \frac{i \cdot d_1 \cdot d_3}{d_2}$$

$$i = \frac{n_1}{n_4}$$

$$n_1 = i \cdot n_4$$

$$n_4 = \frac{n_1}{i}$$

Formelzeichen	Erklärung weitere Einheiten siehe S. 2	
d	Teilkreisdurchmesser bei Kettenrädern, wirksamer Durchmesser bei Keilriemenscheiben	in mm
d_1, d_3	Durchmesser der treibenden Räder, Scheiben	in mm
d_2, d_4	Durchmesser der getriebenen Räder, Scheiben	in mm
i	Gesamtübersetzungsverhältnis i > 1 ins Langsame i < 1 ins Schnelle	–
i_1, i_2	Teilübersetzungsverhältnisse	–
n_1, n_3	Drehzahl (Umdrehungsfrequenz) der treibenden Räder, Scheiben	in $\frac{1}{min}$
n_2, n_4	Drehzahl (Umdrehungsfrequenz) der getriebenen Räder, Scheiben	in $\frac{1}{min}$

	Formel	Formelzeichen	Erklärung weitere Einheiten siehe S. 2	

Zahnradabmessungen (geradverzahnte Stirnräder)

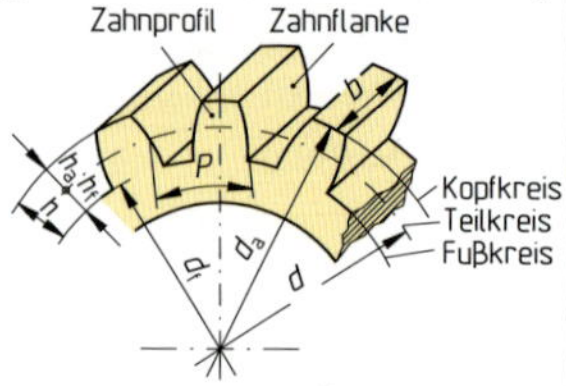

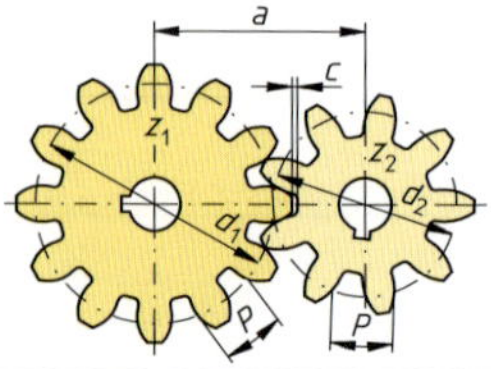

$$p = m \cdot \pi$$
$$d = m \cdot z$$
$$d_a = d + 2 \cdot m = m \cdot (z + 2)$$
$$d_f = d \cdot 2 \cdot (m + c)$$
$$h = 2 \cdot m + c$$
$$a = \frac{d_1 + d_2}{2}$$
$$a = \frac{m \cdot (z_1 + z_2)}{2}$$

Formelzeichen	Erklärung	Einheit
p	Teilung	in mm
m	Modul	in mm
d	Teilkreisdurchmesser	in mm
d_a	Kopfkreisdurchmesser	in mm
d_f	Fußkreisdurchmesser	in mm
h	Zahnhöhe	in mm
c	Kopfspiel (üblich 0,2 · m)	in mm
a	Achsabstand (Außenverzahnung)	in mm
b	Zahnbreite	in mm
z	Zähnezahl	–

Zahnradtriebe

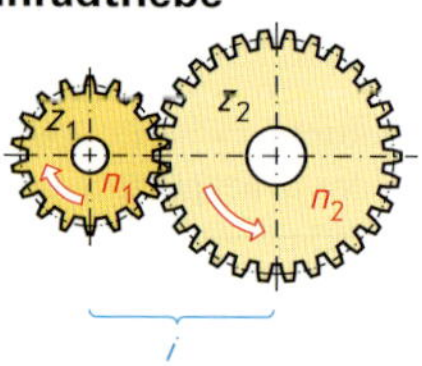

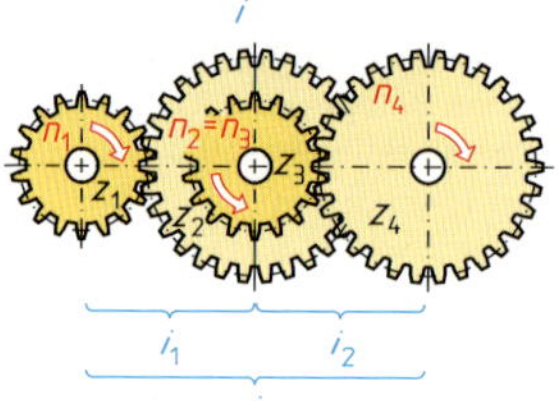

Einfache Übersetzung:

$$z_1 \cdot n_1 = z_2 \cdot n_2$$
$$z_1 = \frac{n_2}{n_1} \cdot z_2$$
$$n_1 = \frac{z_2}{z_1} \cdot n_2$$
$$z_2 = \frac{n_1}{n_2} \cdot z_1$$
$$n_2 = \frac{z_1}{z_2} \cdot n_1$$
$$i = \frac{z_2}{z_1}$$
$$z_1 = \frac{z_2}{i}$$
$$z_2 = i \cdot z_1$$
$$i = \frac{n_1}{n_2}$$
$$n_1 = i \cdot n_2$$
$$n_2 = \frac{n_1}{i}$$

Doppelte Übersetzung:

$$i = \frac{z_2 \cdot z_4}{z_1 \cdot z_3}$$
$$z_1 = \frac{z_2 \cdot z_4}{i \cdot z_3}$$
$$z_2 = \frac{i \cdot z_1 \cdot z_3}{z_4}$$
$$z_3 = \frac{z_2 \cdot z_4}{i \cdot z_1}$$
$$z_4 = \frac{i \cdot z_1 \cdot z_3}{z_2}$$
$$i = \frac{n_1}{n_4}$$
$$n_1 = i \cdot n_4$$
$$n_4 = \frac{n_1}{i}$$
$$i = i_1 \cdot i_2$$
$$i_1 = \frac{i}{i_2} \qquad i_2 = \frac{i}{i_1}$$

Formelzeichen	Erklärung	Einheit
z	Zähnezahl der Zahnräder	–
z_1, z_3	Zähnezahl der treibenden Zahnräder	–
z_2, z_4	Zähnezahl der getriebenen Zahnräder	–
i	Gesamtübersetzungsverhältnis i > 1 ins Langsame i < 1 ins Schnelle	–
i_1, i_2	Teilübersetzungsverhältnisse	–
n_1, n_3	Drehzahl (Umdrehungsfrequenz) der treibenden Zahnräder	in $\frac{1}{\text{min}}$
n_2, n_4	Drehzahl (Umdrehungsfrequenz) der getriebenen Zahnräder	in $\frac{1}{\text{min}}$

Planetengetriebe

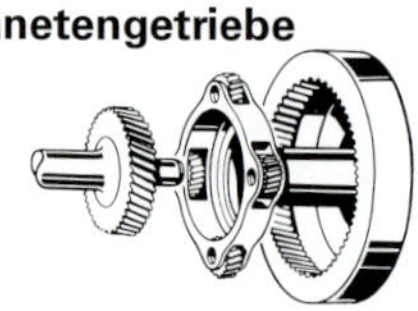

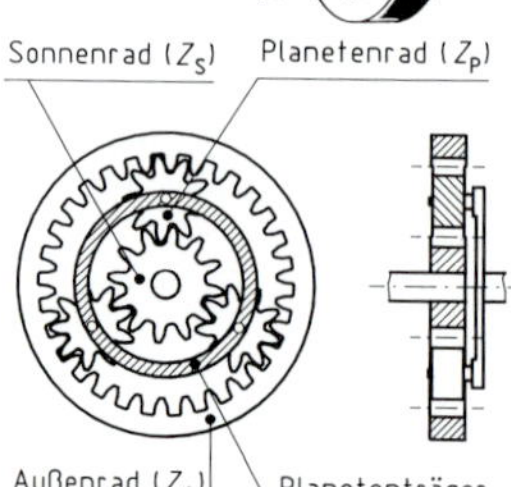

z_S treibend, z_P getrieben, Außenrad fest:

$$i = 1 + \frac{z_A}{z_S}$$

z_A treibend, z_P getrieben, Sonnenrad fest:

$$i = 1 + \frac{z_S}{z_A}$$

z_S und z_A treibend, z_P getrieben, Planetenräder fest:

$$i = 1:1$$

z_S treibend, z_A getrieben, Planetenträger fest:

$$i = \frac{z_A}{z_S}$$

Formelzeichen	Erklärung	Einheit
i	Gesamtübersetzungsverhältnis	–
z_S	Zähnezahl Sonnenrad	–
z_A	Zähnezahl Außenrad (Hohlrad)	–
z_P	Zähnezahl Planetenräder	–

z_A treibend, z_S getrieben, Planetenträger fest:

$$i = \frac{z_S}{z_A}$$

z_P treibend, z_S getrieben, Außenrad fest:

$$i = \frac{z_S}{z_S + z_A}$$

z_P treibend, z_A getrieben, Sonnenrad fest:

$$i = \frac{z_A}{z_A + z_S}$$

Triebwerk

	Formel	Formelzeichen	Erklärung weitere Einheiten siehe S. 2	
Drehmomentübersetzung (Ketten-, Riemen- und Zahnradtrieb) 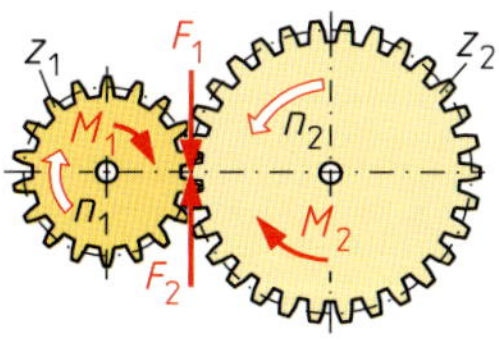	ohne Berücksichtigung der Reibung bzw. des Schlupfes ($\eta = 1$): $M_2 = i \cdot M_1$	M_2	abgegebenes Drehmoment	in N·m
		M_1	zugeführtes Drehmoment	in N·m
		i	Gesamtübersetzungsverhältnis	–
		η	Wirkungsgrad	–
	mit Berücksichtigung der Reibung bzw. des Schlupfes ($\eta < 1$): $M_2 = i \cdot M_1 \cdot \eta$	F_1, F_2	Umfangskraft	
		z_1	Zähnezahl treibendes Rad	
		z_2	Zähnezahl getriebenes Rad	
		n_1	Drehzahl (Umdrehungsfrequenz treibendes Rad)	
		n_2	Drehzahl (Umdrehungsfrequenz getriebenes Rad)	

Fahrwerk

	Formel	Formelzeichen	Erklärung weitere Einheiten siehe S. 2	
Spurdifferenzwinkel 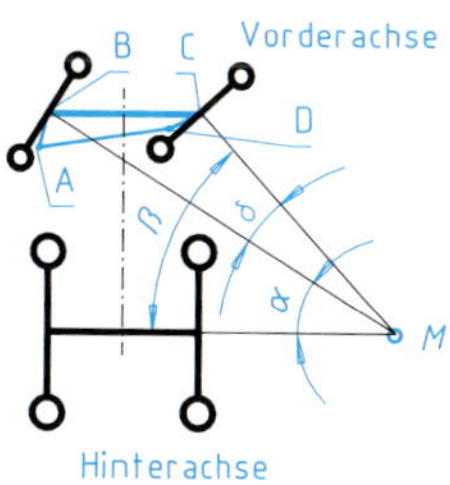	$\delta = \beta - \alpha$	δ	Spurdifferenzwinkel	in °
	$\beta = \delta + \alpha$ $\alpha = \beta - \delta$	β	Schwenkwinkel des kurveninneren Rades	in °
		α	Schwenkwinkel des kurvenäußeren Rades	in °
		M	Mittelpunkt der Kurve	
Spur 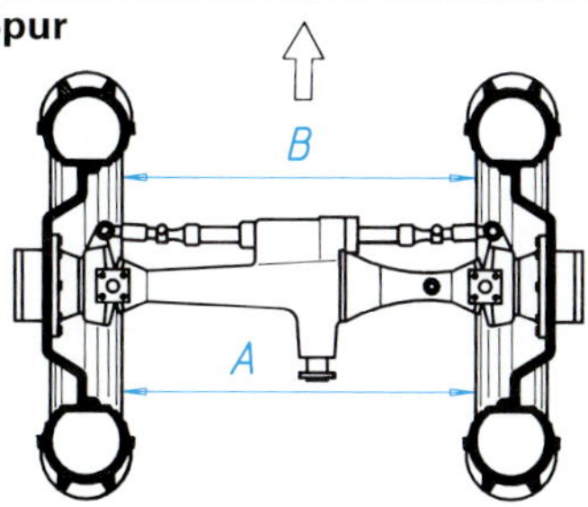	Vorspur: $A > B$ $x_v = A - B$	A	Felgenhornabstand auf Achshöhe hinter der Achse	in mm
	Nachspur: $A < B$ $x_n = B - A$	B	Felgenhornabstand auf Achshöhe vor der Achse	in mm
		x_v	Einstellmaß Vorspur	in mm
		x_n	Einstellmaß Nachspur	in mm
Lenkübersetzung 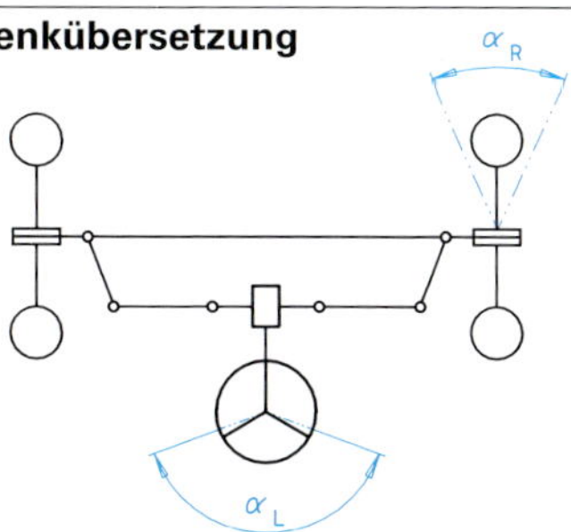	$i_L = \frac{\alpha_L}{\alpha_R}$	i_L	Lenkübersetzung	–
	$\alpha_L = \alpha_R \cdot i_L$ $\alpha_R = \frac{\alpha_L}{i_L}$	α_L	Drehwinkel des Lenkrades	in °
		α_R	Schwenkwinkel des Rades	in °

	Formel	Formelzeichen	Erklärung weitere Einheiten siehe S. 2

Umfangskraft Bremstrommel

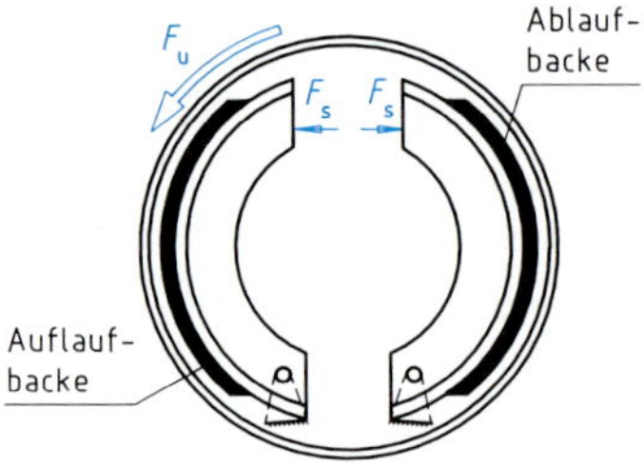

Formel	Formelzeichen	Erklärung	
$F_u = C^* \cdot F_s$	F_u	Umfangskraft an der Bremstrommel	in N
$C^* = \frac{F_u}{F_s}$	F_s	Spannkraft	in N
$F_s = \frac{F_u}{C^*}$	C^*	Bremsenkennwert	

Spannkraft hydraulischer Radbremszylinder

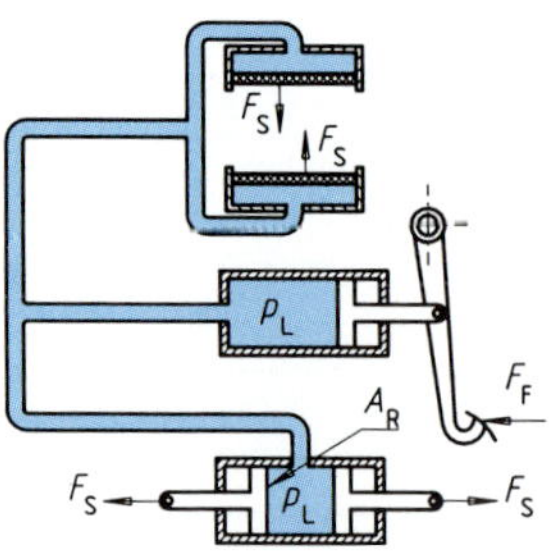

Formel	Formelzeichen	Erklärung	
$F_s = 10 \cdot p_L \cdot A_R$	p_L	Flüssigkeitsdruck in bar	
$p_L = \frac{F_s}{10 \cdot A_R}$	F_s	Spannkraft	in N
$A_R = \frac{F_s}{10 \cdot p_L}$	F_F	Fußkraft am Bremspedal	in N
$i_{mhR} = \frac{F_F}{F_s}$	A_R	Kolbenfläche des Radbremszylinders	in cm²
$F_F = F_s \cdot i_{mhR}$	i_{mhR}	mechanisch-hydraulisches Übersetzungsverhältnis einer Bremsanlage pro Rad	–
$F_s = \frac{F_F}{i_{mhR}}$			

Bremskraft an einem Rad

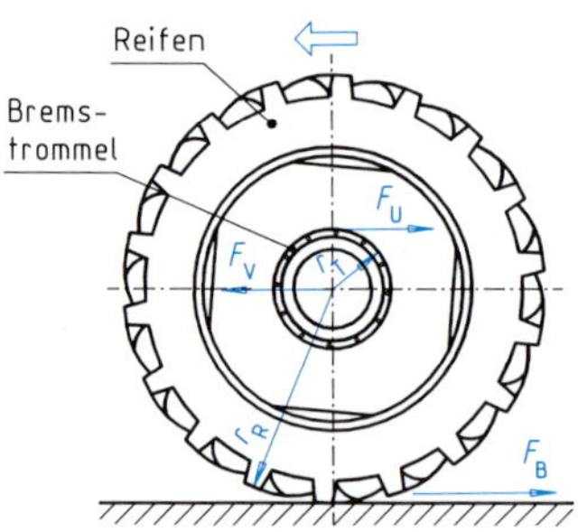

Formel	Formelzeichen	Erklärung	
$F_B = \frac{F_u \cdot r_T}{r_R}$	F_B	Bremskraft an einem Rad	in N
$F_u = \frac{F_B \cdot r_R}{r_T}$	F_u	Umfangskraft an der Bremstrommel bzw. -scheibe	in N
$r_T = \frac{F_B \cdot r_R}{F_u}$	F_F	Fußkraft am Bremspedal	in N
$r_R = \frac{F_u \cdot r_T}{F_B}$	r_T	Radius der Bremstrommel bzw. Abstand des Angriffspunktes der Spannkraft vom Mittelpunkt der Bremsscheibe	in mm, cm
$i_{BR} = \frac{F_F}{F_B}$	r_R	Radius des Reifens	in mm, cm
$F_F = i_{BR} \cdot F_B$	i_{BR}	Gesamtübersetzungsverhältnis einer Bremsanlage pro Rad	–
$F_B = \frac{F_F}{i_{BR}}$			

Abbremsung Fahrzeug

Formel	Formelzeichen	Erklärung	
$z = \frac{\sum F_B}{F_G} \cdot 100\,\%$	z	Abbremsung	in %
	$\sum F_B$	Summe der Bremskräfte am Radumfang	in N
	F_G	Gesamtgewichtskraft des Fahrzeuges	in N

	Formel	Formelzeichen	Erklärung weitere Einheiten siehe S. 2	

Zugkraftbedarf beim Pflügen

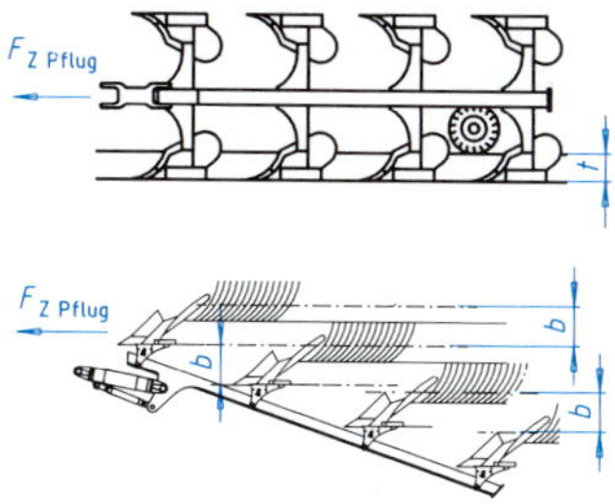

Formel:

$$F_{ZPflug} = b \cdot t \cdot z \cdot W$$

$$b = \frac{F_{ZPflug}}{t \cdot z \cdot W}$$

$$t = \frac{F_{ZPflug}}{b \cdot z \cdot W}$$

$$z = \frac{F_{ZPflug}}{b \cdot t \cdot W}$$

$$W = \frac{F_{ZPflug}}{b \cdot t \cdot z}$$

Formelzeichen	Erklärung	Einheit
F_{ZPflug}	Zugkraftbedarf zum Ziehen des Pfluges	in N
b	Schnittbreite je Pflugkörper	in cm
t	Arbeitstiefe	in cm
z	Anzahl der Pflugkörper	–
W	spezifischer Pflugwiderstand	in $\frac{N}{cm^2}$

Boden	W in $\frac{N}{cm^2}$
Sand	3
Lehm	4
Ton	7

Flächenleistung

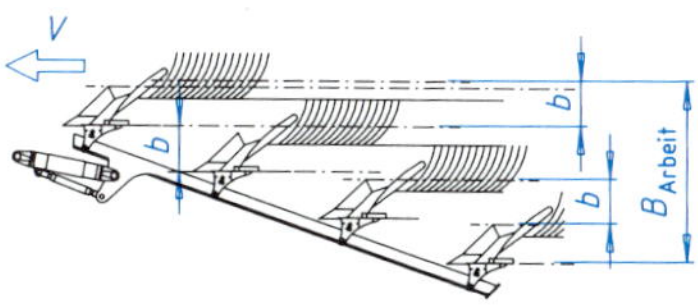

Formel:

$$P_F = 10 \cdot v \cdot B_{Arbeit}$$

$$B_{Arbeit} = b \cdot z$$

$$v = \frac{P_F}{10 \cdot B_{Arbeit}}$$

$$P_F = \frac{A}{t}$$

$$A = P_F \cdot t$$

$$t = \frac{A}{P_F}$$

Formelzeichen	Erklärung	Einheit
P_F	Flächenleistung	in $\frac{m_2}{h}$
A	bearbeitete Fläche (1 ha = 10 000 m^2)	in m^2
v	Arbeitsgeschwindigkeit	in km/h
B_{Arbeit}	Arbeitsbreite	in cm
b	Arbeitsbreite pro Schar	in cm
z	Anzahl der Pflugkörper	–
t	Arbeitszeit	in h

Einstellung Spurweite

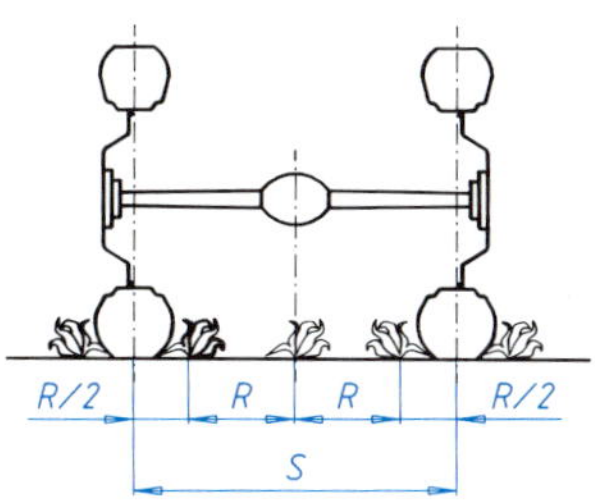

Formel:

$$S = x \cdot R$$

$$x = \frac{S}{R}$$

$$R = \frac{S}{x}$$

Formelzeichen	Erklärung	Einheit
S	Spurweite	in mm, cm
R	Reihenabstand der Pflanzen	in mm, cm
x	Anzahl der Reihen zwischen den Rädern	–

Spurreißermaß

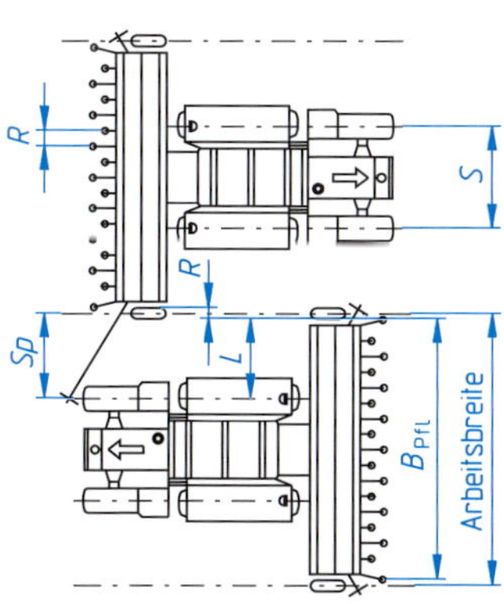

Formel:

$$Sp = L + R$$

$$L = \frac{B_{Pfl} - S}{2}$$

Formelzeichen	Erklärung	Einheit
Sp	Spurreißermaß	in mm, cm
L	Abstand von der Mitte des Vorderrades des Traktors/Schleppers bis zur äußeren Pflanzenreihe	in mm, cm
R	Reihenabstand der Pflanzen	in mm, cm
B_{Pfl}	Pflanzbreite $\left(= \text{Arbeitsbreite} - 2 \cdot \frac{R}{2}\right)$	in mm, cm
S	Spurweite des Traktors/Schleppers	in mm, cm

Hinweis:
Einige Drillmaschinenhersteller empfehlen die Einstellung des Spurreißers auf die Mitte der Spur des Traktors/Schleppers.

	Formel	Formelzeichen	Erklärung weitere Einheiten siehe S. 2	
Abdrehprobe Drillmaschine 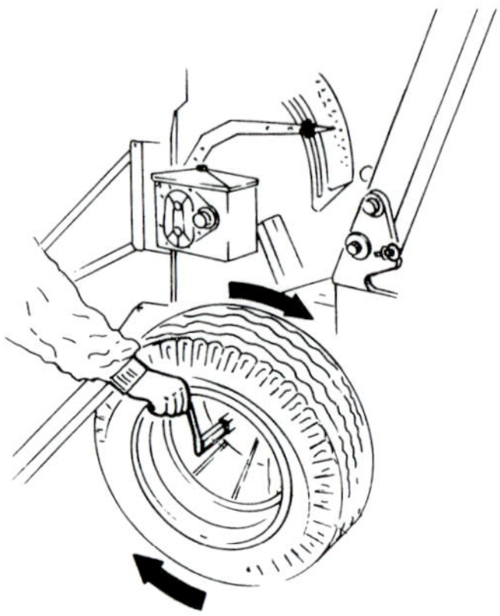	$s = \frac{250\,m^2}{B_{Arbeit}}$ $n = \frac{s}{d \cdot \pi}$ $m_{Ab} = \frac{1}{40}\,ha \cdot m_F$	s	Fahrstrecke je Regelfläche $\left(= \frac{1}{40}\,ha\right)$	in m
		B_{Arbeit}	Arbeitsbreite	in m
		n	Radumdrehungen je Fahrstrecke ohne Berücksichtigung der Antriebsverluste	–
		d	Durchmesser des Antriebsrades	in m
		m_{Ab}	Abdrehmenge	in kg
		m_F	Saatmenge	in kg/ha
Kräfte am System Traktor/Schlepper – Anbaugerät 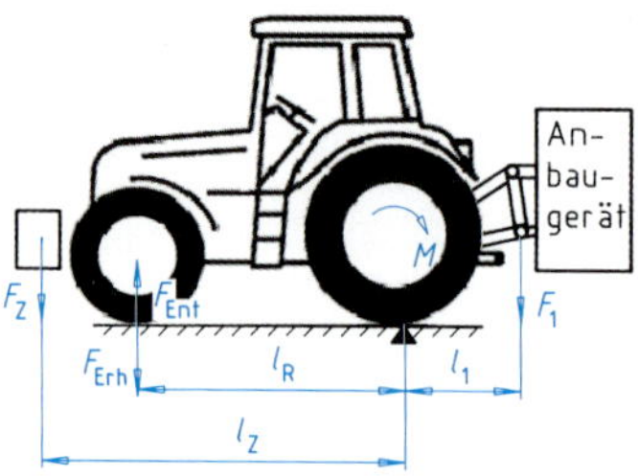	$M = F_1 \cdot l_1$ $F_{Ent} = \frac{M}{l_R}$ $F_{Erh} = \frac{F_Z \cdot l_Z}{l_R}$	M	Drehmoment, hervorgerufen durch die Kraft F_1, bezogen auf die Hinterachse des Traktors	in N · m
		F_1	Gewichtskraft des Anbaugerätes am Anhängepunkt des Unterlenkers des Traktors/Schleppers	in N
		F_{Ent}	Entlastung der Vorderachse des Traktors/Schleppers durch F_1	in N
		F_Z	Gewichtskraft des Zusatzgewichtes	in N
		F_{Erh}	Erhöhung der Achslast der Vorderachse des Traktors/Schleppers durch F_Z	in N
		l_1	Abstand des Angriffspunktes der Hub- bzw. Tragekraft vom Drehpunkt der Hinterachse des Traktors/Schleppers	in m
		l_R	Radstand des Traktors/Schleppers	in m
		l_Z	Abstand des Angriffspunktes des Zusatzgewichtes von der Hinterachse des Traktors/Schleppers	in m

Milchkühlung

	Formel	Formelzeichen	Erklärung weitere Einheiten siehe S. 2	
Wärmemenge 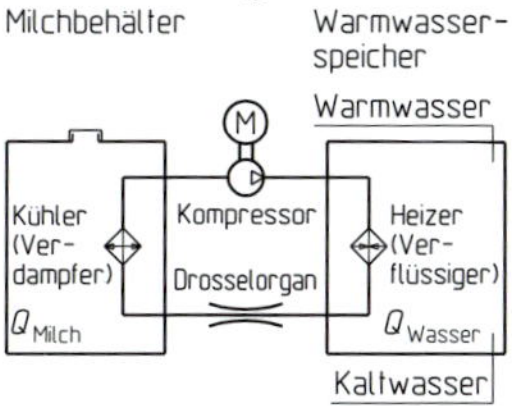	$Q = m \cdot c \cdot \Delta T$	Q m c ΔT	Wärmemenge Masse spezifische Wärmekapazität Temperaturdifferenz	in J in kg in $\frac{J}{kg \cdot K}$ in K
Energienutzungsgrad 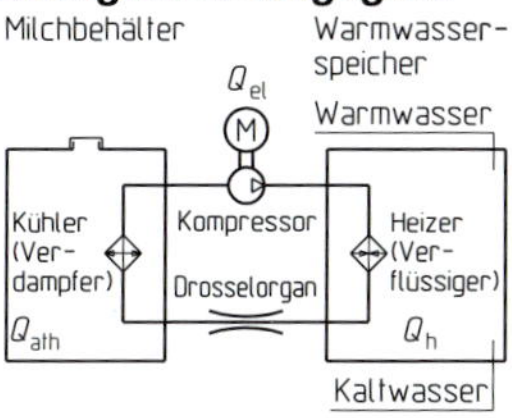	$\omega = \frac{Q_h}{(Q_{ath} + Q_{el})}$	ω Q_h Q_{ath} Q_{el}	Energienutzungsgrad freiwerdende nutzbare Wärmemenge theoretisch anfallende Wärmemenge aufgenommene elektrische Energie	– in kJ in kJ in kJ

Erdbaumaschinen

	Formel	Formelzeichen	Erklärung	
Nutzleistungsfaktor 	$f_E = \frac{Q_A}{Q_B}$	f_E Q_A Q_B	Nutzleistungsfaktor – Nutzleistung[1]) (tatsächliche Leistung) Grundleistung[1]), [2]) (theoretische Leistung)	 in m³/h in m³/h
Grundleistung 	$Q_B = V_R \cdot f_L \cdot n$	Q_B V_R f_L n	Grundleistung[1]), [2]) (theoretische Leistung) Nenninhalt der Arbeitsausrüstung, ermittelt nach ISO-Norm Ladefaktor Anzahl der Arbeitsspiele je Stunde	in m³/h in m³ in $\frac{1}{h}$
Ladefaktor	$f_L = \frac{f_F}{f_S}$	f_F f_L f_S	Füllungsfaktor Ladefaktor Auflockerungsfaktor	– – –
Auflockerungsfaktor	$f_S = \frac{V_2}{V_1}$	f_S V_1 V_2	Auflockerungsfaktor Volumen des Materials vor dem Lösen bzw. Aufnehmen Volumen des Materials nach dem Lösen bzw. Aufnehmen	– in m³ in m³
Füllungsfaktor 	$f_F = \frac{V_2}{V_R}$	f_F V_2 V_R	Füllungsfaktor Volumen des Materials nach dem Lösen bzw. Aufnehmen Nenninhalt der Arbeitsausrüstung, ermittelt nach ISO-Norm	– in m³ in m³

[1]) Die Leistungsbezeichnung erfolgt nicht im physikalischen Sinn, sondern nach der Verdingungsordnung für Bauleistungen (VOB) und der Methodenlehre des Arbeitsstudiums nach REFA.

[2]) Unberücksichtigt bleiben der Gerätezustand, die Baustellenorganisation und die Witterung.

	Formel und Erklärung
Gesamtbetrag einer Reparaturkostenrechnung Gesamtbetrag einer Reparaturkostenrechnung: Arbeitspreis (Lohnkosten) Ersatzteil- bzw. Materialkosten Kosten für Fremdleistungen Umsatzsteuer (Mehrwertsteuer)	Arbeitspreis + Ersatzteil- bzw. Materialkosten + Kosten für Fremdleistungen ――――――――― Zwischensumme + Umsatzsteuer ――――――――― Gesamtbetrag ――――――――― Arbeitspreis = Arbeitszeit · Stundenverrechnungssatz $\text{Umsatzsteuer} = \frac{\text{Zwischensumme} \cdot \text{Steuersatz}}{100\,\%}$ <u>Erklärung:</u> Arbeitspreis: Lohnkosten, die für die Ausführung des Auftrages notwendig sind, in € Ersatzteil- bzw. Materialkosten in € Kosten für Fremdleistungen in € Zwischensumme: Rechnungsbetrag ohne Steuern in € Umsatzsteuer: Mehrwertsteuer entsprechend den gesetzlichen Vorgaben in € Gesamtbetrag: Rechnungsbetrag incl. Steuern in € Arbeitszeit: Zeit, die für die Ausführung der Reparatur erforderlich war, in h Stundenverrechnungssatz: Preis für die stündlich geleistete Arbeit in €/h Steuersatz: gesetzliche Vorgabe für die Umsatzsteuer (Mehrwertsteuer) in %
Stundenverrechnungssatz Stundenverrechnungssatz: Lohnsatz je h Gemeinkosten Werkstatt je h Gewinn	$\text{Stundenverrechnungssatz} = \frac{\text{Fertigungslöhne + Gemeinkosten Werkst. + Gewinn Werkst.}}{\text{Fertigungszeit}}$ Alternative Berechnungsmethode: Stundenverrechnungssatz = Werkstatt-Schnittlohn · Kostenindex <u>Erklärung:</u> Stundenverrechnungssatz in €/h Fertigungslöhne: Löhne, die die Mitarbeiter/-innen für die Ausführung von Kundenaufträgen (produktive Stunden) erhalten, in € Gemeinkosten Werkstatt[1]: auf die Kostenstelle „Werkstatt" entfallende Ausgaben des Betriebes, die einem Kundenauftrag nicht direkt zugeordnet werden können, in € Gewinn Werkstatt in € Fertigungszeit: verkaufte Arbeitsstunden von Mitarbeitern/-innen in h Werkstatt-Schnittlohn[2] der Mitarbeiter/-innen in € Kostenindex: Umrechnungsfaktor –

[1]) Zu den Gemeinkosten zählen u. a. die Hilfslöhne, die Löhne und Gehälter der Mitarbeiter/-innen der Werkstattleitung und -verwaltung, soziale Aufwendungen, Gebäude-, Einrichtungs-, Energie-, Fuhrpark- und Instandhaltungskosten, Steuern und Gebühren. Zu den Hilfslöhnen zählen u. a. Lohnnebenkosten (z. B. Urlaub, Krankheit, Schulung, Feiertage), allgemeine Werkstattarbeiten, Leerlauf- und Wartezeiten.

[2]) Der Werkstatt-Schnittlohn kann als Durchschnitt für alle Mitarbeiter/-innen in der Werkstatt errechnet werden <u>oder</u> aber entsprechend dem Ausbildungsstand der „reparierenden" Mitarbeiter/-innen (Auszubildende/-r, Geselle/-in, Techniker/-in oder Meister/-in). In zweitem Fall kann dem Kunden/der Kundin ein differenzierter Stundenverrechnungssatz in Rechnung gestellt werden.

	Formel und Erklärung
Kostenindex Kostenindex: Fertigungslöhne Gemeinkosten Werkstatt Gewinn	$\text{Kostenindex} = \frac{\text{Fertigungslöhne} + \text{Gemeinkosten Werkstatt} + \text{Gewinn Werkstatt}}{\text{Fertigungslöhne}}$ $\text{Gewinn Werkstatt} = \frac{(\text{Fertigungslöhne} + \text{Gemeinkosten Werkstatt}) \cdot \text{Gewinnsatz}}{100\,\%}$ <u>Erklärung:</u> Kostenindex: Umrechnungsfaktor Fertigungslöhne: Löhne, die die Mitarbeiter/-innen für die Ausführung von Kundenaufträgen (produktive Stunden) erhalten, in € Gemeinkosten Werkstatt: auf die Kostenstelle „Werkstatt" entfallende Ausgaben des Betriebes, die einem Kundenauftrag nicht direkt zugeordnet werden können, in € Gewinn Werkstatt in € Gewinnsatz in %
Ersatzteil- bzw. Materialkosten[1] Ersatzteil- bzw. Materialkosten: Einkaufspreis Ersatzteile bzw. Material Gemeinkosten Lager Gewinn	$\text{Ersatzteil- bzw. Materialkosten} = \frac{\text{Einkaufspreis Ersatzteil bzw. Material} \cdot \text{Zuschlagssatz Lager}}{100\,\%}$ $\text{Zuschlagssatz Lager} = \text{GK-Zuschlagssatz Lager} + \text{Gewinnsatz Lager} + 100$ <u>Erklärung:</u> Ersatzteil- bzw. Materialkosten in € Einkaufspreis Ersatzteil bzw. Material in € Zuschlagssatz Lager in % GK-Zuschlagssatz Lager: Gemeinkostenzuschlagssatz der Kostenstelle „Lager" in % Gewinnsatz Lager in %
Kosten für Fremdleistungen[2] Kosten für Fremdleistungen: Einkaufspreis der Fremdleistung Gemeinkosten Fremdleistung Gewinn	$\text{Kosten für Fremdleistung} = \frac{\text{Einkaufspreis Fremdleistung} \cdot \text{Zuschlagssatz Fremdleistung}}{100\,\%}$ $\text{Zuschlagssatz Fremdleistung} = \text{GK-Zuschlagssatz Fremdleistung} + \text{Gewinnsatz Fremdleistung} + 100$ <u>Erklärung:</u> Kosten für Fremdleistung in € Einkaufspreis Fremdleistung in € Zuschlagssatz Fremdleistung in % GK-Zuschlagssatz Fremdleistung: Gemeinkostenzuschlagssatz Kostenstelle „Fremdleistung" in % Gewinnsatz Fremdleistung in %

[1]) Anstelle eines durch eigene Kalkulation ermittelten Ersatzteil- bzw. Materialpreises wird dem Kunden/der Kundin teilweise auch der Katalogpreis des Zulieferers in Rechnung gestellt. In diesem Fall entspricht der Zuschlag der Differenz zwischen dem Katalogpreis und dem tatsächlichen Einkaufspreis.

[2]) Anstelle eines durch eigene Kalkulation ermittelten Fremdleistungspreises wird in der Kundenrechnung teilweise auch der Rechnungspreis der Fremdfirma ausgewiesen. In diesem Fall entfällt der Zuschlag oder entspricht einem eventuell von der Fremdfirma gewährten Rabatt bzw. Nachlass.

Eigene Notizen